高等职业教育机电类专业"十三五"规划教材

# AutoCAD 机械绘图项目化教程

李梅红　李　蕊　主　编

岳　鹏　李连亮　副主编

刘文英　尹　君　鲁静斌　参　编

袁文革　主　审

中国铁道出版社有限公司

CHINA RAILWAY PUBLISHING HOUSE CO., LTD.

## 内 容 简 介

本书系统地介绍了使用中文版 AutoCAD 2012 进行机械绘图的方法。全书共八个项目：初识 AutoCAD、简单二维图形绘制、复杂二维图形绘制、二维图形编辑、文字与尺寸标注、机械图样绘制、机械零件三维建模和图形文件的传输。每个项目由若干个任务组成，以任务引入的形式，将知识和绘图技能融入任务中，遵循 AutoCAD 的认知规律，对每个项目配备针对性强的案例及训练，其中案例多选自绘图员考核的题库，形成教、学、练一体，使用户的绘图技能得到巩固和提高。

本书结构清晰、语言简练、实例众多，具有很强的实用性和可操作性，零件图和装配图均采用最新国家标准。

本书适合作为高职院校机械制图及计算机辅助设计课程的教材，也可作为各类培训班的 AutoCAD 培训用书。同时也是初、中级 AutoCAD 用户很好的自学参考用书。

## 图书在版编目（CIP）数据

AutoCAD 机械绘图项目化教程/李梅红，李蕊主编 . —北京：
中国铁道出版社，2019. 2（2020. 7 重印）
高等职业教育机电类专业 "十三五" 规划教材
ISBN 978-7-113-25228-1

Ⅰ.①A… Ⅱ.①李… ②李… Ⅲ.①机械制图-
AutoCAD 软件-高等职业教育-教材 Ⅳ.①TH126

中国版本图书馆 CIP 数据核字（2019）第 019385 号

书　　名：**AutoCAD 机械绘图项目化教程**
作　　者：李梅红　李　蕊

策　　划：祁　云　　　　　　　　　　　　**读者热线：**（010）63549458
责任编辑：祁　云　包　宁
封面设计：付　巍
封面制作：刘　颖
责任校对：张玉华
责任印制：樊启鹏

出版发行：中国铁道出版社有限公司（100054，北京市西城区右安门西街 8 号）
网　　址：http://www.tdpress.com/51eds/
印　　刷：三河市荣展印务有限公司
版　　次：2019 年 2 月第 1 版　　2020 年 7 月第 2 次印刷
开　　本：787 mm×1 092 mm　1/16　印张：14.5　字数：353 千
书　　号：ISBN 978-7-113-25228-1
定　　价：45.00 元

# 前　言

　　高职教育应遵循"以服务为宗旨，以就业为导向"的培养原则。根据职业教育的人才培养目标，培养企业需要的能够熟练使用 AutoCAD 软件完成机械工程图绘制的技术人员。

　　本书以实用为目的，突出实用性和操作性。按照由浅入深、循序渐进的原则，结合机械专业学生的机械制图基础和计算机应用基础，按项目教学和任务驱动强化训练，形成教、学、练紧密结合。本书贯彻最新发表的《机械制图》《技术制图》标准；融入基于工作过程的教学理念，通过项目引入、任务驱动的教学模式，以工作任务重构课程，实现教学模式创新，学习过程与工作过程融合。

　　本书通过项目引领，任务引入的形式，将知识和绘图技能融入任务中，遵循认知规律，读者可以在完成任务的过程中掌握绘图方法和技能。对每个项目配备针对性强的训练及任务拓展练习，其中教学案例多选自绘图员考核的题库，具有典型性和可操作性，形成教、学、练一体，使用户的绘图技能得到巩固和提高。

　　本书配有二维码绘图视频。书中每个任务引入和项目训练中的一些典型案例绘制过程都增加了二维码视频，是对教材文字内容的补充和提升。方便读者学习和掌握在 AutoCAD 2012 中快速规范绘制机械图样的方法和技巧。

　　本书由天津工业职业学院李梅红、李蕊任主编，岳鹏、李连亮任副主编。李梅红编写项目一、项目七、项目八，李蕊编写项目四、项目五，岳鹏编写项目二、项目六，李连亮编写项目三。本书二维码对应视频由李梅红设计，由李蕊、岳鹏、李连亮、刘文英、尹君、鲁静斌一起录制。本书在编写过程中得到天津职业大学袁文革老师的帮助，在这里表示感谢。

　　由于时间仓促，书中难免存在不妥和疏漏之处，恳请读者批评指正。

编　者

2018 年 12 月

# 目　录

# 项目一　初识 AutoCAD

引导读者循序渐进地学习 AutoCAD 2012 绘图的基本知识，了解 AutoCAD 2012 的基本功能和操作环境，熟悉各种命令的执行方法，界面操作方法以及新建、打开和保存图形文件的方法等，为后面的系统学习做好必要的准备。

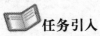学习目标

◇ 能正确启动与退出 AutoCAD。
◇ 能对图形文件进行有效的管理。
◇ 能根据需要设定 AutoCAD 的界面。
◇ 能合理设置绘图环境。
◇ 学会设置绘图界限。
◇ 学会设置绘图单位。
◇ 学会设置图层。

## 任务 1　了解 AutoCAD

### 任务引入

AutoCAD 是由美国 Autodesk 公司开发的通用计算机辅助绘图与设计软件包，具有易于掌握、使用方便、体系结构开放等特点，深受广大工程技术人员的欢迎。AutoCAD 自 1982 年问世以来，已经进行了近 20 多次的升级，从而使其功能逐渐强大，且日趋完善。目前该软件已经成为集二维设计、三维设计、渲染显示、数据管理、互联网通信、二次开发和动画输出等功能于一体的通用计算机辅助设计软件，并且其性能稳定，兼容性和扩展性好，已广泛应用于机械、建筑、电子、航天、船舶、石油化工、土木工程、冶金、农业、气象、轻工业等领域。

作为辅助设计的 CAD 软件，能够快速绘制二维图形和三维图形、标注尺寸、渲染图形和输出图形，易于掌握、使用方便、体系结构开放，彻底改变了传统的手工绘图模式，使工程技术人员从繁重的手工绘图中解放出来，极大地提高了设计效率和绘图质量。

AutoCAD 的基本功能包括：创建与编辑图形、图形文本注释、渲染三维图形、输出与打印图形等，如图 1-1-1 所示。除此之外了还有创建表格、数据库管理、Internet 功能、二次开发功能等，在 AutoCAD 2012 系统中，新增了参数化图形设计功能。

相关知识

### 一、AutoCAD 2012 启动与退出

1. AutoCAD 2012 启动方式
启动 AutoCAD 2012 的执行方法如下：

（1）桌面快捷方式：双击桌面图标 。

（2）开始菜单：选择"开始" —— "程序" —— Autodesk —— AutoCAD 2012 - Simplified Chinese —— AutoCAD 2012-Simplified Chinese 命令，即可启动 AutoCAD 2012，如图 1-1-2 所示。

（3）文件打开方式：双击 .dwg、.dwt 等图形文件。

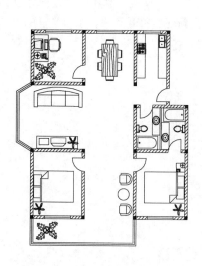

（a）房屋平面布置图

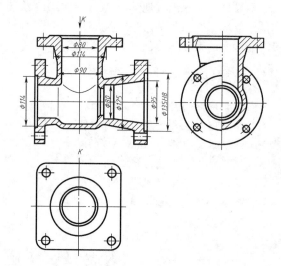

（b）零件图

（c）渲染效果图

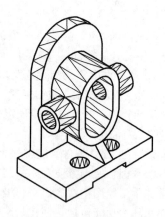

（d）三维实体模型

图 1-1-1　AutoCAD 基本应用

**2. AutoCAD 2012 退出方式**

退出 AutoCAD 2012 的执行方法如下：

（1）单击"应用程序"按钮 ，打开菜单，选择"退出 AutoCAD 2012"命令。

（2）绘图窗口右上角单击"关闭"按钮 。

（3）选择菜单栏中的"文件" —— "退出"命令。

图 1-1-2  运用"开始"菜单启动 AutoCAD 2012

执行"关闭"命令后，如果当前图形没有存盘，系统会弹出 AutoCAD 警告对话框，如图 1-1-3 所示，询问是否保存文件。

图 1-1-3  AutoCAD 警告对话框

## 二、AutoCAD 2012 的工作空间

启动 AutoCAD 2012 后，可以根据设计需要或个人喜好选择相应的工作空间。所谓工作空间是由分组的菜单、工具栏、选项板和功能区控制面板组合成的集合，它可以使用户在专门的、面向任务的绘图环境中工作。

使用工作空间时，只会显示与任务相关的菜单栏、功能区面板和选项板。系统提供的工作空间有"草图与注释""三维基础""三维建模""AutoCAD 经典"。用户可以通过快速访问工具栏切换工作空间，如图 1-1-4 所示。

还可在"快速访问"工具栏选择"显示菜单栏"命令，在弹出的菜单中选择"工具"→"工作空间"→"AutoCAD 经典"或其他命令，如图 1-1-5 所示。在状态栏中单击"切换工作空间"按钮，如图 1-1-6 所示，在弹出的快捷菜单中选择相应的命令也可。

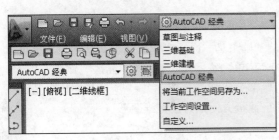

图 1-1-4  通过"快速访问"工具栏
切换工作空间

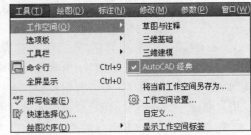

图 1-1-5  通过"工具"下拉菜单切换
工作空间

图 1-1-6　通过状态栏按钮切换工作空间

### 1. "草图与注释"工作空间

启动 Auto CAD 2012 后，系统默认进入"草图与注释"工作空间，其界面主要由"菜单浏览器"按钮、"功能区"面板、"快速访问"工具栏、绘图区、命令行窗口、状态行等部分组成，如图 1-1-7 所示。在该空间可以使用"绘图""修改""图层""标注""文字""表格"等功能区面板方便地绘制二维图形。

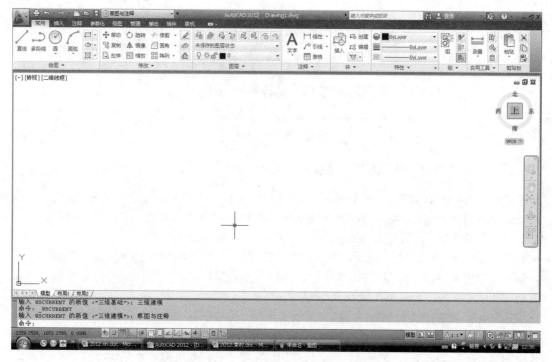

图 1-1-7　"草图与注释"工作空间

### 2. "三维基础"工作空间

"三维基础"工作空间是特定于三维建模的基础工具。通过工作空间模式切换按钮，可以切换到"三维基础"工作空间，其界面主要由"菜单浏览器"按钮、"功能区"面板、"快速访问"工具栏、绘图区、命令行窗口、状态行等部分组成，如图 1-1-8 所示。在该空间可以使用"创建""编辑""绘图""修改"等功能区面板方便地绘制三维图形。

### 3. "三维建模"工作空间

使用"三维建模"工作空间，可以更加方便地在三维空间中绘制图形。在"功能区"中集成了"三维建模""视觉样式""光源""材质""渲染"和"导航"等面板，从而为绘制三维图形、观察图形、创建动画、设置光源、为三维对象附加材质等操作提供了非常便利的环境。图 1-1-9 所示为"三维建模"工作空间。

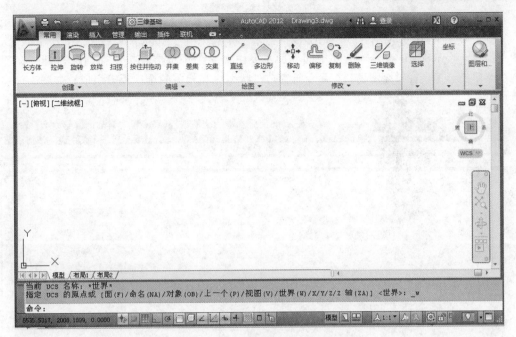

图 1-1-8 "三维基础"工作空间

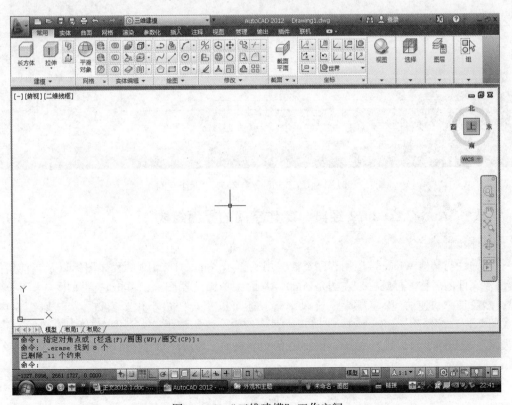

图 1-1-9 "三维建模"工作空间

### 4. "AutoCAD 经典"工作空间

对于习惯了 AutoCAD 传统界面的用户来说,可以使用 "AutoCAD 经典"工作空间进行相关操作。"AutoCAD 经典"工作空间界面主要由 "菜单浏览器"按钮、"快速访问"工具栏、菜单栏、工具栏、绘图窗口、命令行窗口、状态栏和相关的选项板等组成,如图 1-1-10 所示。

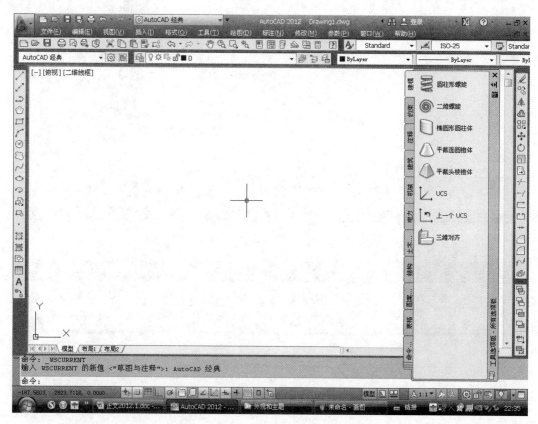

图 1-1-10 "AutoCAD 经典"工作空间

## 三、"AutoCAD 2012 经典"工作空间的界面组成

### 1. 标题栏

标题栏与其他 Windows 应用程序类似,用于显示 AutoCAD 2012 的程序图标以及当前所操作图形文件的名称。标题栏最左边是 AutoCAD 的菜单浏览器图标,单击它会弹出一个下拉菜单,然后是 "快速访问"工具栏、文件名等,还可以执行 "最小化"窗口、"还原"窗口、"关闭"窗口等操作,如图 1-1-11 所示。在 "搜索"文本框中输入关键字和短语,然后单击 "搜索"按钮 ,可以进行 AutoCAD 2012 的功能查询,为用户学习提供帮助。

图 1-1-11 AutoCAD 2012 标题栏和菜单栏

## 2. 菜单栏

菜单栏是主菜单，可利用其执行 AutoCAD 的大部分命令。单击菜单栏中的某一选项，会弹出相应的下拉菜单。图 1-1-12 所示为"视图"下拉菜单。在下拉菜单中，右侧有小三角的菜单选项，表示它还有子菜单。例如图 1-1-12 中显示出了"缩放"子菜单；菜单中各名称的右侧有三个小点的菜单选项，表示单击该菜单选项后要显示出一个对话框；右侧没有内容的菜单选项，单击它后会执行对应的 AutoCAD 命令。此外，单击"菜单浏览器"按钮　，打开图 1-1-13 所示应用程序菜单，可执行一系列相应的操作。

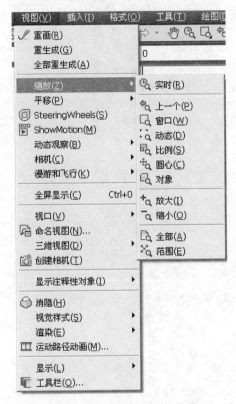

图 1-1-12　"视图"下拉菜单

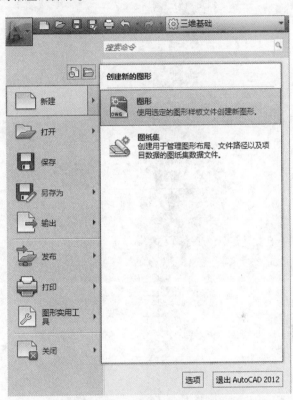

图 1-1-13　"应用程序"按钮操作

## 3. 工具栏

AutoCAD 2012 提供了 40 多个工具栏，每一个工具栏上均有一些形象化的按钮。单击某一按钮，可以启动 AutoCAD 相应的命令。用户可以根据需要打开或关闭任意一个工具栏。方法是在已有的工具栏上右击，AutoCAD 弹出工具栏快捷菜单，可实现工具栏的打开与关闭。此外，通过选择"工具"→"工具栏"→ AutoCAD 对应的子菜单命令，也可以打开 AutoCAD 的各个工具栏。AutoCAD 2012 提供的"快速访问"工具栏，用户可以根据个人操作习惯在其中添加命令按钮，即自定义快速访问工具栏，其方法是在"快速访问"工具栏中单击下拉按钮　，则弹出下拉菜单，如图 1-1-14 所示。

当光标在命令或控件上悬停的时间累积超过一个特定数值时，显示补充工具提示，提供有关命令或控件的附加信息，并显示图示说明，如图 1-1-15 所示。

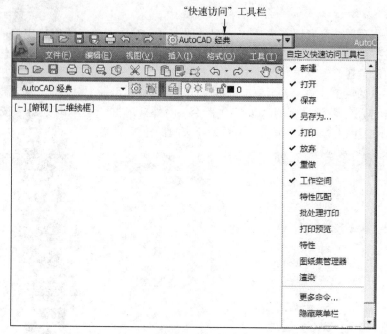

图 1-1-14  自定义"快速访问"工具栏

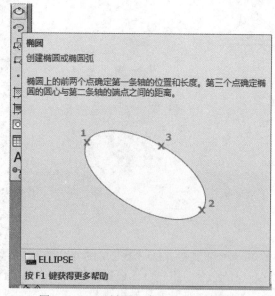

图 1-1-15  "椭圆"命令补充工具提示

图 1-1-16 所示为 AutoCAD 2012 工具栏快捷菜单；图 1-1-17 所示为工具选项板。

4. 绘图窗口

绘图窗口是用户绘图的工作区域，所有的绘图结果都反映在该窗口中。如果图纸比较大，需要查看未显示部分时，可以单击窗口右边与下边的滚动条上的箭头按钮，或直接拖动滚动条来移动图纸。

图 1-1-16 工具栏快捷菜单

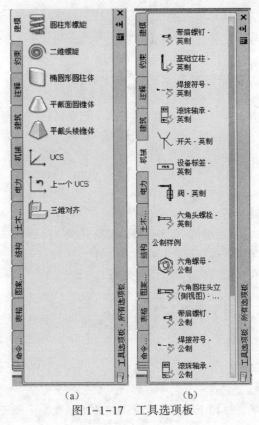
（a） （b）
图 1-1-17 工具选项板

在绘图窗口中，有绘图光标、坐标系图标、View Cube 工具和视口控件四个工具，如图 1-1-18 所示。

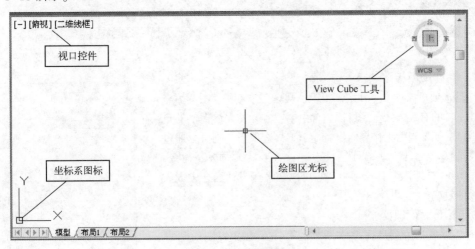
图 1-1-18 绘图窗口

（1）绘图区光标：光标进入绘图状态时，在绘图区显示十字光标，当光标移出绘图区指向工具栏、下拉菜单等项时，光标显示为箭头形式。当光标显示为小方格时，AutoCAD 处于待选状态，可通过单击鼠标直接在绘图工作区域中进行单个对象的选择，或框选多个对象。

（2）坐标系图标：在绘图区域左下角显示坐标系图标，该坐标系称为"世界坐标系"，或 WCS。AutoCAD 提供有世界坐标系（World Coordinate System，WCS）和用户坐标系（User Coordinate System，UCS）两种坐标系。世界坐标系为默认坐标系。

（3）View Cube 工具：一种用来控制三维视图观察方向的工具。

（4）视口控件：可以单击以下三个区域中的每一个来更改设置。

① 单击"+"选项，可显示选项，用于最大化视口、更改视口配置或控制导航工具的显示。

② 单击"俯视"选项，以在几个标准和自定义视图之间选择。

③ 单击"二维线框"选项，选择一种视觉样式。大多数其他视觉样式用于三维可视化。

5. 命令行窗口

命令行窗口是 AutoCAD 显示用户从键盘输入的命令和显示 AutoCAD 提示信息的地方。默认时，AutoCAD 在命令行窗口保留最后三行所执行的命令或提示信息。用户可以通过拖动窗口边框的方式改变命令行窗口的大小，使其显示多于三行或少于三行的信息，如图 1-1-19 所示。可以按【F2】键打开/关闭文本窗口。

图 1-1-19　命令行窗口

6. 状态栏

状态栏用于显示或设置当前的绘图状态。位于状态栏左侧的一组数字反映当前光标的坐标，其余按钮从左到右分别表示了捕捉模式、栅格显示、正交模式、极轴追踪、对象捕捉、对象捕捉追踪、动态 UCS（双击即可打开或关闭）、动态输入等功能按钮以及是否显示线宽、当前的绘图空间等信息，如图 1-1-20 所示。

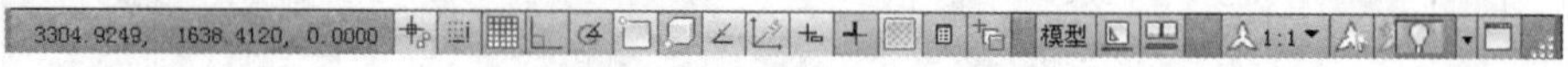

图 1-1-20　状态栏

7. 工具选项板

工具选项板提供了一种用来组织、共享和放置块、图案填充及其他工具的有效方法。还可以包含由第三方开发人员提供的自定义工具。如果当前工作界面没有显示工具选项板，则可以通过菜单栏选择"工具"→"选项板"→"工具选项板"命令，打开图 1-1-17 所示工具选项板。它可以在某些设计场合中大大提高设计效率。

8. 图纸集管理器

图纸集是几个图形文件中图纸的有序集合。将图形整理到图纸集后，可以将图纸集作为包进行发布、传递和归档。图纸集管理器中有多个用于创建图纸和添加视图的选项，这些选项可通过快捷菜单或选项卡按钮之一进行访问。

要想在当前工作界面显示图 1-1-21 所示的"图纸集管理

图 1-1-21　"图纸管理器"窗口

器"窗口，需要在菜单栏中选择"工具" ➞ "工具选项板" ➞ "图纸集管理器"命令。

### 四、文件基本操作

**1. 新建图形文件**

启动 AutoCAD 2012 后，系统默认创建一个图形文件，并自动命名为 Drawing1. dwg。只要打开 AutoCAD 即可进入工作模式。可以通过以下三种方式创建图形文件：

（1）菜单：选择"文件" ➞ "新建"选项。

（2）"标准"工具栏或"快速访问"工具栏：单击"新建"按钮 。

（3）单击"菜单浏览器"按钮 ，打开应用程序菜单，选择"新建"命令，系统弹出图 1-1-22 所示对话框。

图 1-1-22 "应用程序"按钮新建文件

执行命令后出现"选择样板"对话框，如图 1-1-23 所示。在此对话框中，可以选择某一样板文件，这时，在其右面的"预览"选项组中将显示出该样板的预览图像。单击"打开"按钮，以选中的样板文件为样板，创建新图形。

**2. 打开图形文件**

打开现有图形文件执行方法如下：

（1）菜单：选择"文件" ➞ "打开"命令，弹出"选择文件"对话框，如图 1-1-24 所示。

（2）"标准"工具栏或"快速访问"工具栏：单击"打开"按钮 。

（3）单击"菜单浏览器"按钮 ，打开应用程序菜单，选择"打开"命令，系统弹出图 1-1-25 所示对话框。

图 1-1-23  "选择样板"对话框

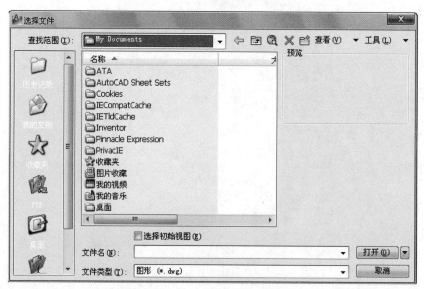

图 1-1-24  "选择文件"对话框

执行此命令后出现"选择文件"对话框，此时可以选择指定路径下已存在的图形文件。默认情况下，打开的图形文件格式为 .dwg。

3. 保存图形文件

保存图形文件包括如下两种方法：

（1）菜单：选择"文件"—→"保存"命令。

（2）"标准"工具栏或"快速访问"工具栏：单击"保存"按钮 🔲。

（3）单击"菜单浏览器"按钮 📋，打开应用程序菜单，选择"保存"命令，系统弹出图 1-1-26 所示对话框。

图 1-1-25　在应用程序菜单中单击"打开"按钮

图 1-1-26　"图形另存为"对话框

用户在第一次保存创建的图形时，系统将打开"另存为"对话框。默认情况下，文件名以 DrawingN. dwg 命名，或由用户自行输入。默认路径为"我的文档"。AutoCAD 2012 默认使用 AutoCAD 2010 图形文件格式。AutoCAD 2010 图形文件格式与早期版本不兼容。AutoCAD 2012 可以打开早期版本中的图形。要想文件在较低版本打开，也可以在"文件类型"下拉列表中选择其他格式。

执行"另存为"命令，将当前图形以新的文件名保存。单击"保存于"下拉列表框右侧的向下小箭头，弹出目录后，选择要保存的目录即可。如果希望以其他格式（.dxf，.dwt 等）存盘，可在"文件类型"下拉列表框中选取。

4. 关闭图形文件

要关闭当前文件，执行方法包括如下两种：

（1）单击"绘图窗口"的"关闭"按钮❌。

（2）单击"菜单浏览器"按钮，打开应用程序菜单，选择"关闭"命令，系统弹出图 1-1-27 所示对话框。选择"关闭图形"任务窗格中的"当前图形"命令。若选择"所有图形"命令则关闭当前打开的所有文件。

图 1-1-27 在应用程序菜单中单击"关闭"按钮

系统将询问是否保存，此时，单击"是"按钮或直接按【Enter】键，可以保存当前图形文件并将其关闭；单击"否"按钮，可以关闭当前图形文件但不存盘；单击"取消"按钮，取消关闭当前图形文件操作，既不保存也不关闭。

## 五、设计中心

通过设计中心，用户可以组织对图形、块、图案填充和其他图形内容的访问。可以将源图形中的任何内容拖动到当前图形中。可以将图形、块和图案填充拖动到工具选项板上。源图形可以位于用户的计算机、网络位置或网站上。另外，如果打开了多个图形，则可以通过设计中心在图形之间复制和粘贴其他内容（例如图层定义、布局和文字样式）来简化绘图过程。

选择"工具"→"选项板"→"设计中心"命令，如图 1-1-28 所示，打开"设计中心"窗口，如图 1-1-29 所示。

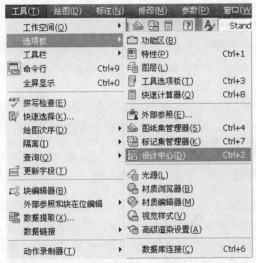

图 1-1-28 选择"设计中心"命令

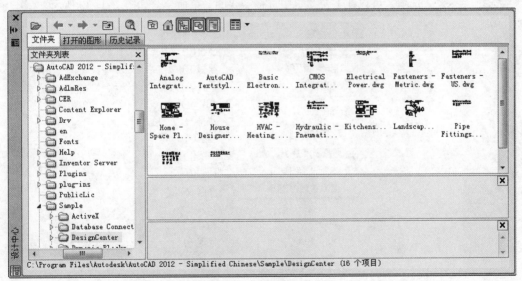

图 1-1-29 "设计中心"窗口

（1）使用"设计中心"可以进行以下操作：

① 浏览用户计算机、网络驱动器和 Web 页上的图形内容。

② 在定义表中查看图形文件中命名对象（例如块和图层）的定义，然后将定义插入、附着、复制和粘贴到当前图形中。

③ 更新（重定义）块定义。

④ 创建指向常用图形、文件夹和 Internet 网址的快捷方式。

⑤ 向图形中添加内容（例如外部参照、块和图案填充）。

⑥ 在新窗口中打开图形文件。

⑦ 将图形、块和图案填充拖动到工具选项板上以便于访问。

（2）"设计中心"窗口的结构如下：

① "设计中心"窗口分为两部分，左边为树状图，右边为内容区。可以在树状图中浏览内容的源，而在内容区显示内容。可以在内容区中将项目添加到图形或工具选项板中。

② 在内容区的下面，也可以显示选定的图形、块、填充图案或外部参照的预览或说明。窗口顶部的工具栏提供若干选项和操作。

③ 在"设计中心"标题栏上右击，在弹出的快捷菜单中选择"自动隐藏"命令，那么当光标移出"设计中心"窗口时，设计中心树状图和内容区将消失，只留下标题栏。将光标移动到标题栏上时，"设计中心"窗口将恢复。

## 六、参数化图形设计

AutoCAD 2012 除了在图形处理等方面的功能有所增强外，一个最显著的特征是增加了参数化绘图功能。用户可以对图形对象建立几何约束，以保证图形对象之间有准确的位置关系，例如平行、垂直、相切、同心、对称等关系；可以建立尺寸约束，通过该约束，既可以锁定对象，使其大小保持固定，也可以通过修改尺寸值来改变所约束对象的大小。

选择"参数"选项，可以在下拉菜单中选择需要的约束命令，如图 1-1-30 所示。

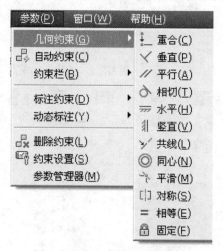

图 1-1-30 "参数"下拉菜单

在工程的设计阶段，通过约束，可以在试验各种设计或进行更改时强制执行要求。对对象所做的更改可能会自动调整其他对象，并将更改限制为距离和角度值。

通过约束，用户可以完成以下工作：

（1）通过约束图形中的几何图形来保持设计规范和要求。

（2）立即将多个几何约束应用于对象。

（3）在标注约束中包括公式和方程式。

（4）通过更改变量值可快速进行设计更改。

图 1-1-31 所示的图形使用了默认格式和可见性的几何约束和标注约束。

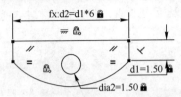

图 1-1-31 显示几何约束和标注约束的图例

 **任务实施**

1. 启动 AutoCAD 2012，练习不同工作空间的切换。

2. 进入 AutoCAD 经典空间创建一个新的图形文件，并保存。

3. 练习工具栏的打开与关闭。

4. 练习"保存"和"另存为"命令。通过改变"保存路径""文件名""文件类型"等来保存文件。

任务实施 1

任务实施 2

任务实施 3

任务实施 4

# 任务 2　二维绘图环境设置

 **任务引入**

因每台计算机所使用的显示器、输入及输出设备类型不同，用户的喜好风格及计算机设置也不同，通常使用 AutoCAD 2012 的默认设置就可以绘图，为了提高绘图效率，用户开始绘图之前可根据个人习惯和具体需要进行重新设置。为了快捷地绘制和高效地管理图形，AutoCAD 2012 提供了精确定位工具、对象捕捉与追踪等绘图工具，用户可以方便、迅速、准确地绘制和编辑图形。

 **相关知识**

## 一、"选项"对话框

选择菜单栏中的"工具"——"选项"命令，打开"选项"对话框，如图 1-2-1 所示。"选项"对话框中共有 10 个选项卡，利用这些选项卡可以进行具体的项目设置。下面主要介绍经常使用的几个选项。

1. "显示"选项卡

"显示"选项卡用于控制 AutoCAD 窗口的外观。用户可设定屏幕菜单、工具栏提示、滚动条显示、布局设置、显示分辨率、绘图窗口颜色、光标大小等。

单击"选项"对话框中的"显示"选项卡中的"颜色"按钮,如图1-2-1所示,则打开"图形窗口颜色"对话框,可以进行背景颜色设置,如图1-2-2所示。然后单击"应用并关闭"按钮。

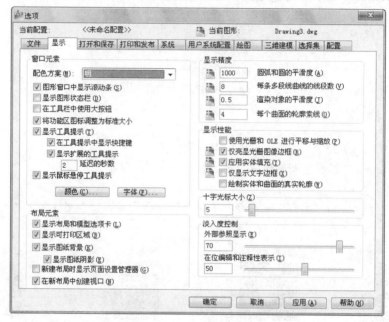

图1-2-1 "选项"对话框"显示"设置

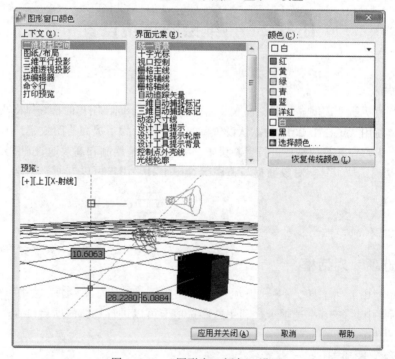

图1-2-2 "图形窗口颜色"设置

在"显示"选项卡中还可以设置圆弧和圆的平滑度，还可以根据个人习惯调整光标的大小等。

2. "打开和保存"选项卡

选择"打开和保存"选项卡，如图 1-2-3 所示，选中"文件安全措施"选项组中的"自动保存"复选框，并在"保存间隔分钟数"文本框输入参数值（默认间隔为 10 min），在以后的绘图过程中，将以输入的参数值为间隔时间自动将文件存盘，还可以对保存的文件类型进行设置，完成设置后单击"确定"按钮。

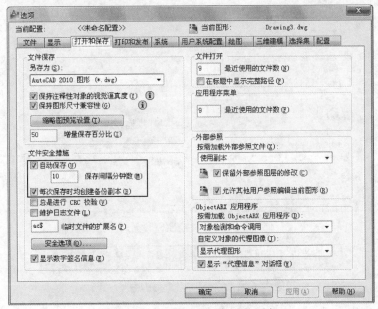

图 1-2-3 "打开和保存"选项卡

3. "绘图"选项卡

选择"选项"对话框中的"绘图"选项卡，如图 1-2-4 所示，可以进行"自动捕捉设置""AutoTrack 设置"等。在"自动捕捉标记大小"选项组中，用鼠标拖动滑块，即可改变绘图时捕捉标记大小和颜色，并可以根据需要调整自动捕捉和自动追踪设置时的靶框大小。

## 二、绘图辅助工具

AutoCAD 还提供了一些实用的绘图辅助工具，如图 1-2-5 所示，依次为"推断约束""捕捉模式""栅格显示""正交模式""极轴追踪""对象捕捉""三维对象捕捉""对象捕捉追踪""允许/禁止动态 UCS""动态输入""显示/隐藏线宽""快捷特性""显示/隐藏透明度""快捷特性"等工具。这些绘图的辅助工具，不能用于创建对象。通过这些辅助工具，可以更容易、更准确地创建和修改对象。每一个辅助工具都可以在需要时打开，不需要时关闭。在打开这些工具时还可以根据需要修改其设置。适当地使用这些工具，可以快速和精确地实现计算机辅助设计绘图。下面重点介绍几种常用的绘图辅助工具。

1. 捕捉与栅格

在菜单栏中选择"工具"——→"绘图设置"命令或在状态栏右击"捕捉模式"按钮 ▦ 或

"栅格显示"按钮▦，从弹出的快捷菜单中选择"设置"命令，如图 1-2-6 所示，即打开 "草图设置"对话框，如图 1-2-7 所示。

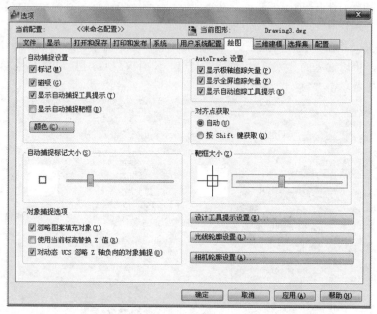

图 1-2-4 "绘图"设置

图 1-2-5 状态栏中的绘图辅助工具

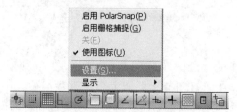

图 1-2-6 快捷菜单打开"草图设置"对话框

通过单击状态栏上的"栅格"按钮或按下【F7】键可打开/关闭栅格，单击状态栏上的"捕捉"按钮或按【F9】键可打开/关闭捕捉模式。同时打开栅格和捕捉模式，移动光标只能锁定在栅格结点上。捕捉的相关设置可以通过单击"捕捉和栅格"选项卡中的"选项"按钮来完成。

2. 正交模式

在状态栏中单击"正交模式"按钮┗或按【F8】键，打开/关闭正交模式，打开正交模式只能绘制垂直线或水平线，绘制一些具有正交关系的图形时，启用正交模式是很方便的。

3. 极轴追踪

在状态栏单击"极轴追踪"按钮◪或按【F10】键，打开/关闭极轴追踪模式。在绘制图形时，系统将根据设置显示一条追踪线，用户可在该追踪线上根据提示精确移动光标，从而进行精确绘图。默认情况下，系统预设了四个极轴，与 $X$ 轴的夹角分别为 0°、90°、180°、270°

（即角增量为 90°）。可以使用"草图设置"对话框的"极轴追踪"选项卡，如图 1-2-8 所示，来设定显示极轴追踪对齐路径的极轴角增量，可从"极轴角设置"选项组中的"增量角"下拉列表框中选择 90、45、30、22.5、18、15、10 或 5 这些常用角度，也可直接输入数值。

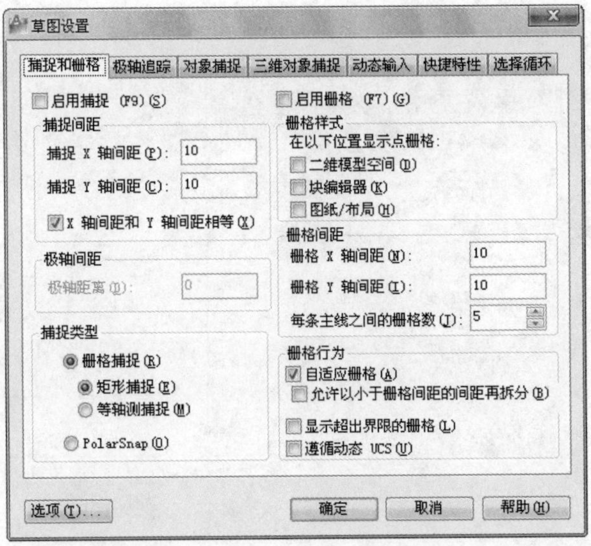

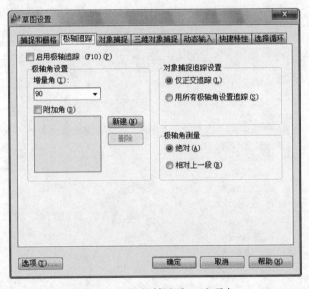

图 1-2-7 "草图设置"对话框"捕捉和栅格"选项卡

图 1-2-8 "极轴追踪"选项卡

### 4. 对象捕捉、三维对象捕捉和对象捕捉追踪

在状态栏单击"对象捕捉"按钮□或按【F3】键，打开/关闭对象捕捉模式，可以捕捉对象上的关键点，例如端点、中点或圆心。可以在图 1-2-9 所示的"对象捕捉"选项卡上进行设置，也可以右击"对象捕捉"按钮□，从弹出的快捷菜单中快速启用"对象捕捉"模式，

如图 1-2-10 所示。通过使用"对象捕捉追踪"模式可以使对象的某些特征点成为追踪的基准点,并沿正交方向或极轴方向拖动光标,此时可以显示光标当前位置与捕捉点之间的相对关系。若找到符合要求的点,直接单击即可。要使用"对象捕捉追踪"模式,必须打开一个或多个对象捕捉。

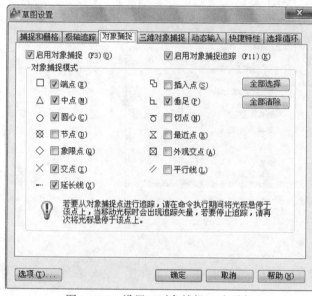

图 1-2-9  设置"对象捕捉"选项卡          图 1-2-10  右击"对象捕捉"按钮

在状态栏中单击"三维对象捕捉"按钮 或按【F4】键,可设置是否启用三维对象捕捉模式,在图 1-2-11 所示的"草图设置"对话框中的"三维对象捕捉"选项卡中,可对三维对象的捕捉进行设置。

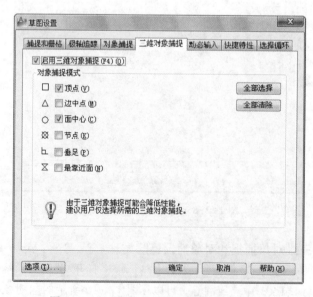

图 1-2-11  设置"三维对象捕捉"选项卡

**5. 动态输入**

使用动态输入功能可以在指针位置处显示标注输入和命令提示等信息。在状态栏中单击"动态输入"按钮 或按【F12】键，可以打开/关闭动态输入模式。在"草图设置"对话框中的"动态输入"选项卡中，有三个选项区域，如图 1-2-12 所示，即"指针输入""标注输入""动态提示"，可对动态输入的相关参数进行设置。

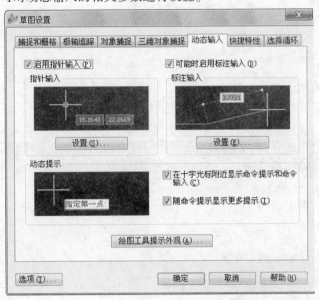

图 1-2-12 设置"动态输入"选项卡

**6. 显示/隐藏线宽**

在状态栏中单击"线宽"按钮 ，可以显示/隐藏线宽。在绘图时如果为图层和所绘图形设置了不同的线宽，打开该开关，才能在绘图区显示选定线宽，以标识各种不同线宽的对象。

**7. 快捷特性**

在 AutoCAD 2012 中，用户可以使用"快捷特性"面板来访问选定对象的特征信息。在状态栏中单击"快捷特性"按钮 ，即启用快捷特性模式。选取图形对象，单击状态栏中的"快捷特性"按钮 ，则显示"快捷特性"面板，如图 1-2-13 所示，显示所选对象的颜色、图层、线型等选项。单击面板上的"自定义"按钮 ，可以对弹出的"自定义用户界面"特性选项进行定义快捷特性内容。另外，在状态栏中右击"快捷特性"按钮 ，在弹出的快捷菜单中选择"设置"命令，弹出图 1-2-14 所示的"草图设置"对话框，运用"快捷特性"选项卡可以进行设置。

**8. 快速查看布局、快速查看图形**

使用快速查看功能，可以轻松预览打开的图形和打开图形的模型空间与布局，并在其间进行切换。它们将以缩略图（又称快速查看图像）形式显示在应用程序窗口的底部。

单击状态栏右侧的"快速查看布局"按钮 和"快速查看图形"按钮 ，使用"快速查看布局"工具，预览当前图形中的模型空间和布局，并在其间进行切换，如图 1-2-15 所示。

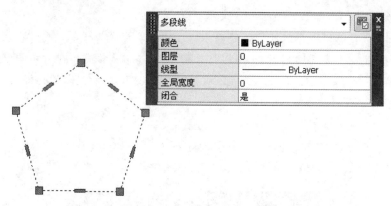

图 1-2-13 "快捷特性"面板

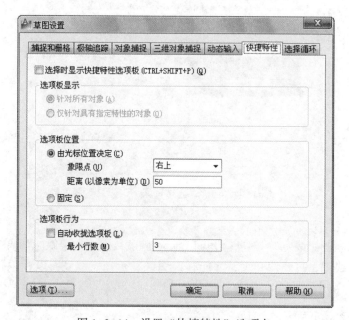

图 1-2-14 设置"快捷特性"选项卡

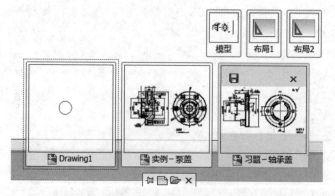

图 1-2-15 "快速查看布局"和"快速查看图形"

**任务实施**

新建文件，修改背景颜色，调整绘图光标的大小，设置文件自动保存时间。

视频
任务实施

# 任务3  创建样板文件

 **任务引入**

用户在进行初次绘图操作时，AutoCAD 默认的绘图环境非常简单，绘图的图层只有一个默认的 0 图层，绘图界限为 A3 幅面的尺寸，绘图单位为"公制"等。为此，在动手绘图之前，应对绘图环境进行设置，例如绘图区域的背景色、图层、绘图单位、绘图界限、各种辅助工具的设置等，这些都可通过系统设置来实现。本任务通过设置绘图界限、设置绘图单位、创建图层新建一张标准 A4 样板图。

 **相关知识**

## 一、设置绘图界限

绘图界限是指在模型空间中设置一个想象的矩形绘图区域。绘图界限用于确定栅格的显示区域，如图 1-3-1 所示。

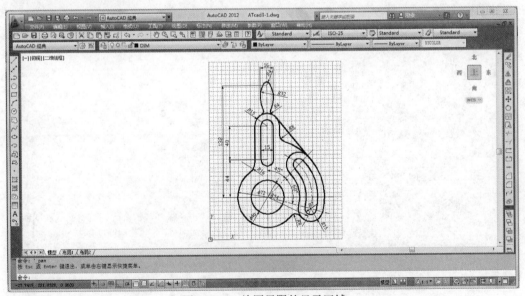

图 1-3-1  绘图界限的显示区域

命令调用有如下两种方法：
（1）菜单：选择"格式"——"图形界限"命令。
（2）命令：Limits。

执行命令后，命令行提示如下：

指定左下角点或［开 (ON)/关 (OFF)］<0.0000,0.0000>：

指定右上角点 <420.0000,297.0000>：

命令功能："开（ON）"或"关（OFF）"，用户可以决定能否在图限之外指定一点或绘制图形。选择"开（ON）"选项，将打开图限检查，用户不能在图限之外结束一个对象，也不能使用"移动""复制"等命令将图形移动到图限之外，但可以在图限内指定两个点（如中心和圆周上的点）来画圆，若圆的一部分可能在图限之外则不受限制；选择"关（OFF）"（或默认值）选项，AutoCAD 将不进行图限检查，用户可以在图限之外绘图。

提示：模型空间和图纸空间的图形界限是互相独立的，需要分别进行设置，设置方法相同。图限检查只是帮助用户避免将图形画在图限的矩形区域之外，打开图限检查，对于避免非故意在图形界限之外设置顶点是一种安全的检查机制。但是，如果需要指定这样的点时，则图限检查是一个障碍。

## 二、设置绘图单位

在 AutoCAD 中，可以采用 1:1 的比例因子绘图。所有的直线、圆和其他对象都可以以真实大小绘制。在打印出图时，再将图形按图纸大小进行缩放。

命令调用有如下两种方法：

（1）菜单：选择"格式"—→"单位"命令。

（2）命令：Units。

执行命令后，打开"图形单位"对话框来设置绘图时使用的长度单位、角度单位以及单位的显示格式和精度等参数，如图 1-3-2 所示。

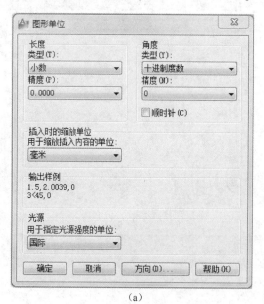
（a）

（b）

图 1-3-2 "图形单位"与"方向控制"对话框

### 三、图层设置

图层是 AutoCAD 提供的一个管理图形对象的工具，一个图层如同一张透明纸，且各层之间的坐标基点完全对齐。绘图时应先创建几个图层，每个图层设置不同的颜色和线型，如果把图形的轮廓线、中心线、尺寸标注等分别画在不同的图层上，然后把不同的图层堆叠在一起成为一张完整的视图，这样可使图样层次分明、条理清晰，方便图形对象的编辑与管理。

1. 建立图层

命令调用有如下三种方法：

（1）菜单：选择"格式"——"图层"命令。

（2）"图层"工具栏：单击"图层"按钮 。

（3）命令：Layer 或 La。

执行"图层"命令后，打开"图层特性管理器"窗口，如图 1-3-3 所示。

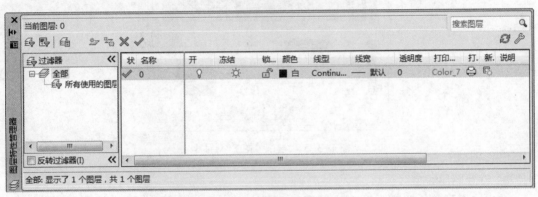

图 1-3-3 "图层特性管理器"窗口

2. 创建新图层

（1）单击"新建图层"按钮 ，"图层 1"即显示在列表中，如图 1-3-4 所示。

（2）选中某一图层，右击，在弹出的菜单中选择"新建图层"命令。

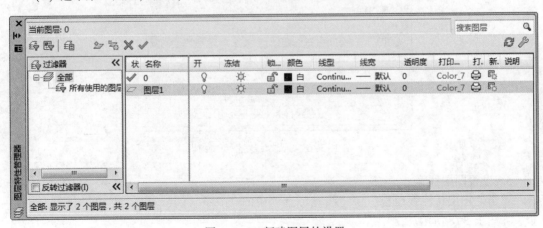

图 1-3-4 新建图层的设置

默认情况下，新建图层与当前图层的状态、颜色、线性、线宽等设置相同。

3. 设置图层颜色

在 AutoCAD 中，设置图层颜色的作用主要在于区分对象的类别，因此，在同一图形中，不同的对象可以使用不同的颜色。

在"图层特性管理器"窗口中单击"颜色"选项，打开"选择颜色"对话框，如图 1-3-5 所示，可在"索引颜色"选项卡中设置图层颜色。

图 1-3-5 "选择颜色"对话框

4. 设置图层线型

单击"图层特性管理器"中"线型"选项 Continuous，打开"选择线型"对话框，如图 1-3-6 所示，系统默认的线型只有一种，单击"加载"按钮，打开图 1-3-7 所示"加载或重载线型"对话框，从中可以选择需要的线型。

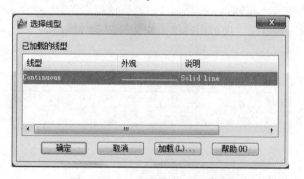

图 1-3-6 "选择线型"对话框

5. 设置图层线宽

单击"图层特性管理器"中"线宽"选项中的"——默认"选项，打开"线宽"对话框，如图 1-3-8 所示。

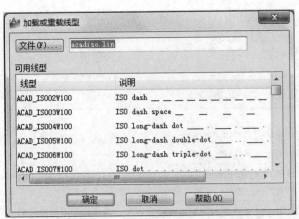

图 1-3-7　"加载或重载线型"对话框

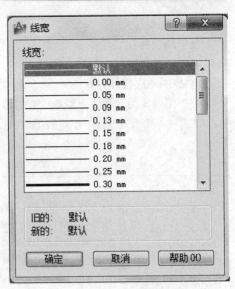

图 1-3-8　"线宽"对话框

**6. 设置线型比例（对非连续线型）**

命令调用有以下两种方法：

（1）选择"格式"→"线型"命令。

（2）命令：Linetype。

打开图 1-3-9 所示的"线型管理器"对话框后，可以对图形中的线型比例进行设置。

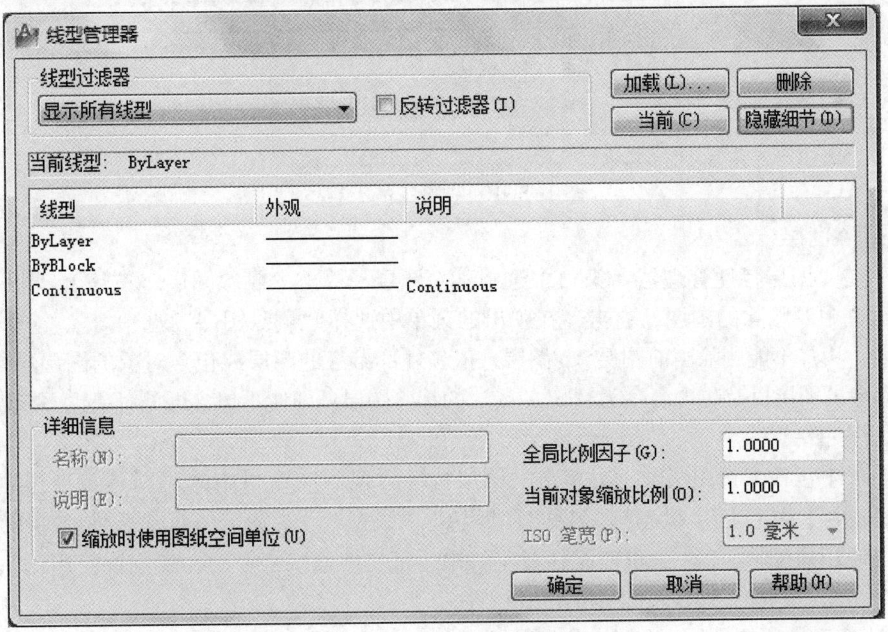

图 1-3-9　"线型管理器"对话框

7. 管理图层

在"图层特性管理器"窗口中，不仅可以创建图层，设置图层的颜色、线型、线宽，还可以对图层进行更多的设置与管理。

1) 控制图层特性的状态

在"图层特性管理器"窗口中，可以控制图层特性的状态，例如"打开/关闭"（♀/♀）、"解冻/冻结"（☼/❋）、"解锁/锁定"（🔓/🔒）、"打印/不打印"（🖶/🖶）等，其功能说明如表1-3-1所示。

表 1-3-1　图层特性图标功能说明

| 图　标 | 名　称 | 功　能 |
|---|---|---|
| ♀/♀ | 打开/关闭 | 将图层设定为打开或关闭状态。当图层被关闭时，该图层上的所有对象将隐藏不显示，只有图层打开时，才能在屏幕上显示或打印出来 |
| ☼/❋ | 解冻/冻结 | 将图层设定为解冻或冻结状态。当图层被冻结时，该图层上的所有对象均不能在屏幕上显示或打印，且不能执行重生成、缩放、平移等操作。冻结图层可以加快运行速度 |
| 🔓/🔒 | 解锁/锁定 | 将图层设定为解锁或锁定状态。被锁定的图层，可以在屏幕上显示，但不可以编辑、修改。锁定对象可以避免误操作、移动、修改、删除对象 |
| 🖶/🖶 | 打印/不打印 | 设定该图层是否可以打印图形 |

2) 切换当前层

（1）在"图层特性管理器"窗口中选中某一图层，单击"置为当前"按钮✔；或右击，在弹出的菜单中选择"置为当前"选项。

（2）在"图层"工具栏的下拉列表框中，选中某一图层即可，如图1-3-10所示。

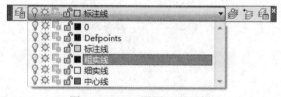

图 1-3-10　"图层"工具栏

3) 删除图层

（1）在"图层特性管理器"窗口中选中某一图层，单击"删除图层"按钮✖即可。

（2）选中要删除的图层，右击，在弹出的菜单中选择"删除图层"选项。

说明：用户不能删除当前图层、0图层、依赖外部参考的图层或包含对象的图层。另外，被块定义参考的图层以及包含名字为"定义点"的特殊图层，即使不包含可见对象也不能被删除。

4) 过滤图层

当图形中包含大量图层时，可单击"图层特性管理器"窗口中的"新建特性过滤器"按钮🗐过滤图层，其包括"状态""名称""颜色""线型""线宽"等过滤条件，如图1-3-11所示。可使用通配符，"＊"可匹配任意字符串，可在搜索字符串的任意位置使用，"?"匹配任意单个字符，例如，?BC 匹配 ABC、3BC 等。

5) 改变对象所在图层

选中对象，并在"图层"工具栏的图层控制下拉列表框中选择预设图名。

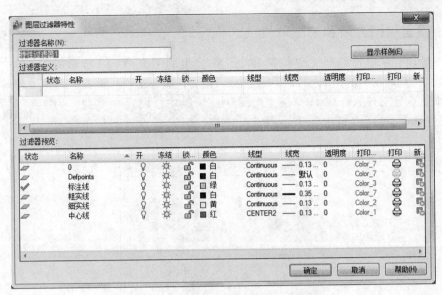

图 1-3-11 "图层过滤器特性" 对话框

 **任务实施**

视频

新建图形文件

## 一、新建图形文件

（1）进入 AutoCAD 2012 运行环境。

（2）在桌面上双击快捷方式图标 ，打开一张 AutoCAD 2012 默认的新图形文件，单击 "保存" 按钮 ，在弹出的 "图形另存为" 对话框中，如图 1-3-12 所示，设置 "文件类型" 为 "AutoCAD 图形样板（＊.dwt）"，设置 "文件名" 为 "A4 样板图" 后，单击 "保存" 按钮。

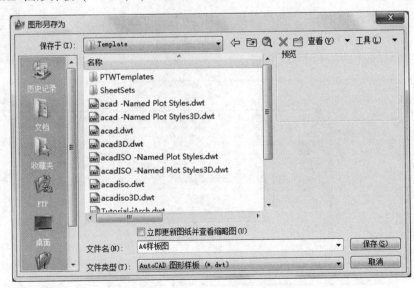

图 1-3-12 "图形另存为" 对话框

## 二、设置绘图界限和绘图单位

在"格式"菜单中选择"单位"命令，在弹出的图 1-3-13 所示的"图形单位"对话框中的"长度"选项组中选择"小数"选项，设置"精度"为小数点后三位（0.000）；在"角度"选项组中，设置"类型"为"十进制度数"，设置"精度"为小数点后一位（0.0）；设置图形单位为"毫米"。

视频

设置绘图界限
和绘图单位

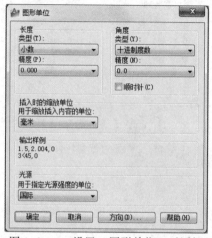

图 1-3-13  设置"图形单位"对话框

在"格式"菜单中选择"图形界限"命令，设置图形界限的左下角为（0，0），右上角为（297，210），并做满屏缩放。缩放的效果可单击"栅格"按钮查看。

## 三、设置图层

在"图层"工具栏中单击"图层"按钮 ，可打开"图层特性管理器"窗口，在对话框中设置和加载不同的图层，包括"线型""线宽""颜色"等。设置完成后如图 1-3-14 所示。

视频

设置图层

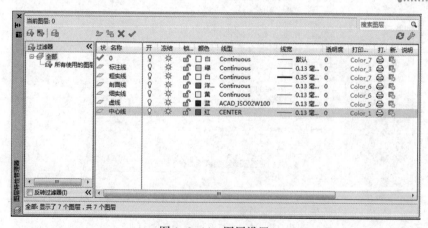

图 1-3-14  图层设置

# 项目训练

按以下要求完成绘图系统配置并创建样板文件：

（1）新建文件。

（2）打开对象捕捉、标注工具栏、修改背景颜色、调整绘图光标的大小。

（3）设置栅格间距为 10；启动中点、切点、圆心捕捉；设置极轴增量角为 30°。

（4）设置一张标准 A4 竖放图纸，设置图形界限，绘图单位，创建如下图层：

① 中心线图层 ZX，线型为 Center，线宽 0.13 mm，颜色为红色。

② 标注线图层 BZ，线型为 Continuous，线宽 0.13 mm，颜色为绿色。

③ 虚线图层 XX，线型为 Dashed2，线宽 0.13 mm，颜色为紫色。

④ 细实线图层 XS，线型为 Continuous，线宽 0.13 mm，颜色为黄色。

⑤ 粗实线图层 CS，线型为 Continuous，线宽 0.35 mm，颜色为白色。

（5）保存文件。

# 项目二　简单二维图形绘制

在学习绘图命令前，应认识坐标系，学会数据的输入方式、图形对象的选择方式及基本命令的使用方法，为绘图打下基础。任何物体的空间位置都是通过一个坐标系定位的。坐标系是确定对象位置最基本的手段。掌握坐标数据输入法，对于正确、高效的绘图是非常重要的。

学习目标

◇ 理解直角坐标与极坐标、绝对坐标和相对坐标的概念。

◇ 会使用不同的对象选择方法，根据需要灵活地进行对象选择。

◇ 正确使用对象捕捉、极轴追踪、正交、捕捉和栅格等绘图工具来绘制图形。

# 任务1　直线类图形绘制

## 任务引入

直线是图形中最常见、最简单的图元。图2-1-1所示的是由四条直线所组成的简单图形。执行 LINE 直线命令后，用户可以根据提示用鼠标制定直线的端点或由键盘输入端点坐标，AutoCAD 会将两端点连接成线段。

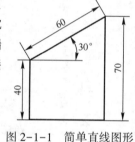

视频

绘制图 2-1-1

图 2-1-1　简单直线图形

## 相关知识

### 一、坐标系

绘图时通过坐标系在图形中确定点的位置。用户也可设置和使用可移动的用户坐标系（UCS），从而更好地在角度、等轴测或正交（三维）视图中作图。

**1. 笛卡儿坐标系（直角坐标系）**

坐标轴有三个，分别为 $X$、$Y$、$Z$，输入 $X$、$Y$、$Z$ 坐标值时，需要指定它们与坐标系原点（0，0，0）或前一点的相应坐标值之间的距离（带单位）和方向（"+"或"-"）。通常使用 AutoCAD 构造新图形时，系统默认世界坐标系（WCS）。世界坐标系的 $X$ 轴是水平的，$Y$ 轴是垂直的，$Z$ 轴则垂直于 $XY$ 平面。

**2. 用户坐标系（UCS）**

除了 WCS 以外，还可以定义一个原点和坐标轴方向均与之不同的可移动用户坐标系（UCS）。可以依据 WCS 定义 UCS。

**3. 极坐标系**

极坐标系是用距离和角度确定点的位置。要输入极坐标值，必须给出该点相对于原点或其

34

前一点的距离，以及与当前坐标系的 X 轴所成的角度。

## 二、点的输入方式

图 2-1-2 所示为 XY 平面上一点的位置。坐标值（8，5）表示该点在 X 正向与原点相距八个单位，在 Y 正向与原点相距五个单位。坐标值（-4，2）表示该点在 X 负向四个单位、Y 正向两个单位的位置。

二维坐标参数在 AutoCAD 中，可以用科学、小数、工程、建筑或分数的格式输入坐标；用百分度、弧度、勘测单位或度、分、秒的格式输入角度。本书使用小数单位和度。

如果使用三维建模，确定一个点要用 X、Y、Z 三个坐标值。用鼠标拾取点相当于在 XY 坐标面上输入点，默认 Z 坐标为零。

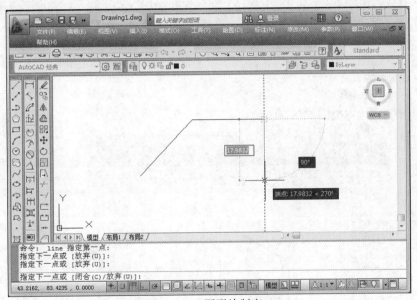

图 2-1-2　图形绘制窗口

## 三、AutoCAD 常用点的输入方式

### 1. 移动鼠标选点

AutoCAD 在窗口底部的状态栏中显示当前光标所在位置的坐标值。

显示坐标的方式有以下三种：

（1）动态直角坐标显示：移动光标的同时不断更新坐标值。

（2）静态坐标显示：只在指定一点时才更新坐标值。

（3）动态极坐标（距离和角度）：以"距离<角度"形式显示坐标值，移动光标的同时坐标值不断更新。这一选项只有在绘制直线或提示输入多个点的对象时使用。

编辑对象时，可以按【F6】键或按快捷键【Ctrl+D】，实现三种坐标显示方式的循环切换。也可以右击状态栏上的坐标显示，从快捷菜单中选择显示方式。

用对象捕捉可以精确地选择对象上的点。

要查找现有对象上所有关键点的坐标，可以使用夹点选择对象。夹点是出现在对象关键位置（例如端点或中点）上的一些小框。当光标捕捉到夹点时，状态栏会显示其坐标。

2. 输入点的绝对坐标

输入 $X$、$Y$ 的绝对坐标时，应以 $X$，$Y$ 格式输入其 $X$ 和 $Y$ 坐标值。如果知道了某个点精确的 $X$ 和 $Y$ 坐标值，可使用 $X$、$Y$ 的绝对坐标，坐标值之间用逗号隔开。

例如，要画一条起点坐标值为（8，5），端点坐标值为（120，80）的直线，在命令行中输入：

命令:line　　//或单击"直线"按钮✐

_line 指定第一点：8,5✓（按【Enter】键，下同）

指定下一点或[放弃(U)]：120,80✓

3. 输入点的相对坐标

相对直角坐标是以某点相对于参考点的相对位置来定义该点的位置。它的表示方法是在绝对直角坐标表达式前加@号，例如 "@100，50"（软件默认 DYN 动态输入），如图 2-1-3 所示。

如果知道了某点与前一点的位置关系，可使用 $X$、$Y$ 相对坐标输入点的坐标值。

例如，要相对于点（8，5）定位一点（前面加@符号）。可在命令行输入：

命令:line　　//或单击"直线"按钮✐

_line 指定第一点：8,5 ✓

指定下一点或[放弃(U)]：@ 112,75✓

这相当于输入绝对坐标 120，80。

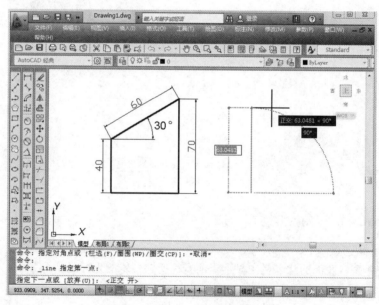

图 2-1-3　动态输入显示

4. 直接距离输入

除了输入坐标值外，还可用直接输入距离的方法定位点。执行任何绘图命令时都可使用这一功能。开始执行命令并指定了第一个点之后，移动光标即可指定方向，然后输入相对于第一点的距离即可确定下一点。这是一种快速确定直线长度的好方法，特别是与正交和极轴追踪一起使用时更为方便。

除了那些提示输入单个实型值的命令（例如 ARRAY 阵列）以外，其他所有命令都可以通过直接距离输入指定点。当正交打开时，这是绘制平行于 $X$ 轴或 $Y$ 轴的直线的一种有效方法。

移动鼠标，直到拖引线达到所需的方向（不要按【Enter】键），在命令行输入直线的长度值，然后拾取，此时直线就以指定的长度和方向绘制出来。

 **任务实施**

绘制图 2-1-1 所示图形，参考步骤如下：

```
输入:line 或单击"直线"按钮               //启动命令
命令: _line 指定第一点:8,5                //指定图形起点坐标为(8,5)
指定下一点或[放弃(U)]:@ 0,40             //以相对坐标输入
指定下一点或[放弃(U)]:@ 60<30            //以相对极坐标输入
指定下一点或[闭合(C)/放弃(U)]:70         //以距离方式输入(注意打开正交并向下移动鼠标)
指定下一点或[闭合(C)/放弃(U)]:C          //闭合或捕捉端点
```

# 任务 2  规则图形的快速绘制

 **任务引入**

通过对简单而有规律的图形（见图 2-2-1）绘制，学习栅格的设置，栅格的捕捉等操作。

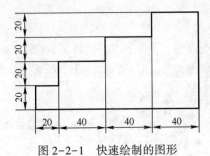

图 2-2-1  快速绘制的图形

视频

绘制图 2-2-1

 **相关知识**

## 一、选择对象的方式

常用选择对象的方式主要包括以下四种：

1. 直接点取方式

直接点取方式是单击点取，选择实体对象变成虚显即被选中。

用选择窗口来选择对象。选择窗口是绘图区域中的一个矩形区域，在"选择对象"提示下指定两个角点即可定义此区域。角点指定的次序不同，选择的结果也不同。

2. W 窗口方式

W 窗口方式是在指定了第一个角点以后，从左向右拖动（选择窗口蓝色显示）仅选择完全包含在选择区域内的对象，如图 2-2-2 所示。

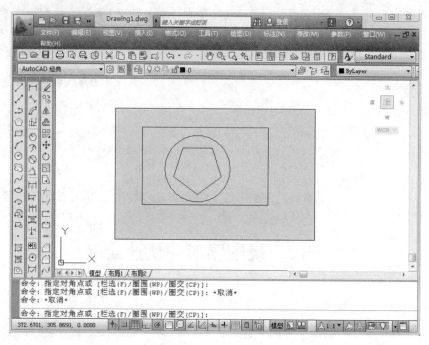

图 2-2-2　W 窗口方式

### 3. C 窗口方式

C 窗口方式是在指定了第一个角点以后，从右向左拖动（选择窗口绿色显示）可选择包含在选择区域内以及与选择区域的边框相交叉的对象，如图 2-2-3 所示。

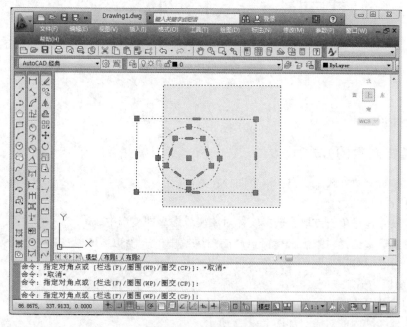

图 2-2-3　C 窗口选择

可以用选择窗口包住整个线段或线段中一段完整的线型，从而选择非连续线型的对象。例如，如果一条直线的线型为点画线，那么用选择窗口包住一个或多个完整的点画就能选择整条线。

4. 全选方式

使用以下方式可进行全选操作：选择"编辑"→"全部选择"命令；快捷键【Ctrl+A】选择全部图形。

选择对象的方式还包括：栏选方式、最后方式、上次方式、撤销方式、扣除方式等，此处不作详细说明。

## 二、命令的终止（取消）、放弃、重做、删除、重画

1. 终止

可以使用以下方式实现命令的终止：

（1）命令正常完成后自动终止。

（2）命令执行过程中按【Esc】键。

（3）调用另一个非透明命令，将自动终止当前正在执行的绝大部分命令。

2. 放弃（取消）

可以使用以下方式实现命令的放弃（取消）：

（1）选择"标准"工具栏的"放弃"选项或单击"放度"按钮 。

（2）快捷键【Ctrl+Z】或执行 U 命令。

3. 重做

可以使用以下方式实现命令的重做：

（1）选择"标准"工具栏的"重做"选项或单击"重做"按钮 。

（2）快捷键【Ctrl+Y】。

4. 删除

选择要删除的对象，然后执行以下操作之一：

（1）单击"修改"工具栏的"删除"按钮 。

（2）直接按【Delete】键。

（3）在绘图区域中右击，在弹出的快捷菜单中选择"删除"选项。

5. 重画

用 REDRAW 命令进行"重画"。

刷新屏幕显示将删除用于标识指定点的点标记或临时标记。要刷新图形显示，可进行重画或重生成操作。重新生成复杂图形需要花较长的时间，所以一般使用重画操作。重画只刷新屏幕显示，而重生成不仅刷新显示，而且更新图形数据库中所有图形对象的屏幕坐标。

当 AutoCAD 重生成对象时，它把浮点的数据库值转换为适当的屏幕坐标。

有些命令可能自动重新生成整个图形，并且重新计算所有对象的屏幕坐标。这时，AutoCAD 会显示提示信息。

可以使用以下方式实现命令的重画：

（1）单击工具栏中的"重画"按钮。

（2）在命令行输入 REDRAW。

（3）选择"视图"→"重画"命令。

## 三、AutoCAD 基本命令使用

AutoCAD 执行的每一个动作都建立在相应命令的基础之上。用户通过命令告诉 AutoCAD 要完成什么操作，AutoCAD 通过命令提示与用户沟通并对其操作做出响应。

1. 一般命令

在命令提示行中将显示执行状态或给出执行命令需要进一步选择的选项。命令调用方法如下：

（1）AutoCAD 下拉菜单。

（2）功能区面板的图标按钮。

（3）工具栏的图标按钮。

（4）右键快捷菜单。

（5）命令行输入。

可以在命令提示下输入命令全名或简名（命令名的缩写）来启动任何命令。

例如，圆可以不输入 CIRCLE（圆的全名）而只输入字母 C（圆的简名）来启动圆命令。（命令名的缩写又称简名）。

无论以哪一种方法启动命令，命令提示都以同样的方式运作。AutoCAD 要么在命令行中显示提示，若动态输入打开，则在光标附近显示提示框，要么显示一个对话框。

以画圆命令为例：

命令：_circle 指定圆的圆心或［三点(3P)/两点(2P)/切点、切点、半径(T)］：　　//用鼠标拾取或
　　　　　　　　　　　　　　　　　　　　　　　　　　　　　　　　　　　　输入坐标指定圆心

指定圆的半径或［直径(D)］<20.0000>：　　　　　　　　　　　　　　//输入半径或指定距离

若选择 CIRCLE 命令的选项"三点"画圆则操作如下：

命令：_circle 指定圆的圆心或［三点(3P)/两点(2P)/切点、切点、半径(T)］：3P//输入数字和
　　　　　　　　　　　　　　　　　　　　　　　　　　　　　　　　　　　　大写字母

指定圆上的第一个点：

指定圆上的第二个点：

指定圆上的第三个点：

要执行命令或输入命令选项，可以按【Enter】键或在绘图区域中右击，可从弹出的快捷菜单中选择命令或输入选项。若动态输入打开也可在光标附近的提示框中输入相应选项或参数。

2. 透明命令

透明命令是指某一命令尚在处理过程中时可开始执行另一命令，即透明命令可以插入到另一条命令的执行期间执行。

（1）Zoom 缩放视图命令：用户可以平移视图以重新确定其在绘图区域中的位置，或缩放视图以更改比例。

在选择菜单栏"视图"→"缩放"级联菜单，如图 2-2-4 所示。还可以单击"标准工具栏" 🔍 按钮，或在命令窗口输入"Zoom"命令，进行视图缩放操作。（还可以上下推动鼠标滚轮来实现缩放）

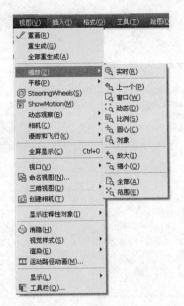

图 2-2-4 "缩放"级联菜单

命令：zoom
指定窗口的角点，输入比例因子 (nX 或 nXP)，或者
[全部 (A) /中心 (C) /动态 (D) /范围 (E) /上一个 (P) /比例 (S) /窗口 (W) /对象 (O)] <实时>：

（2）Pan 平移视图命令：用户可以平移视图以重新确定其在绘图区域中的位置。通过 Pan 的"实时"选项，不会更改图形中的对象位置或比例。

在选择菜单栏"视图" → "平移"级联菜单，如图 2-2-5 所示。还可以单击"标准工具栏" 按钮，或在命令窗口输入"pan"命令，进行视图平移操作。（还可以按住鼠标滚轮移动实现平移）

单击鼠标右键，可以打开相应的右键快捷菜单，选择"缩放"和"平移"命令，如图 2-2-6所示。

图 2-2-5 "平移"级联菜单

图 2-2-6 显示快捷菜单

3. 辅助绘图命令

（1）正交：方便绘制水平线和垂直线。单击状态栏中的"正交"按钮 或按下【F8】键。

（2）对象捕捉：在绘图命令运行期间，可以用光标捕捉对象上的几何特征点，例如端点、中点、圆心和交点。右击"对象捕捉"按钮📧选择"设置（S）"选项，通过弹出的"草图设置"对话框，如图 2-2-7 所示。

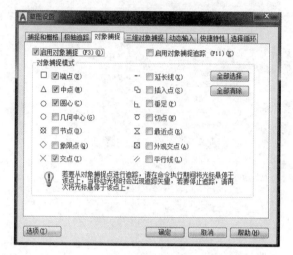

图 2-2-7 "草图设置"对话框中的"对象捕捉"选项卡

### ✎ 任务实施

右击状态栏中的"栅格"按钮📧，选择"设置（S）"选项，如图 2-2-8 所示，打开"草图设置"对话框中的"捕捉和栅格"选项卡，如图 2-2-9 所示，将"捕捉间距"改为 20。

图 2-2-8 右击状态栏"栅格"按钮

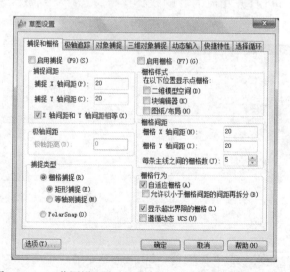

图 2-2-9 "草图设置"对话框中的"捕捉和栅格"选项卡

命令行提示：

_line 指定第一点：＜捕捉 开＞　　//执行直线命令,并按下【F7】键打开栅格,按下【F9】打开捕捉

根据尺寸要求完成图形如图 2-2-10 所示。

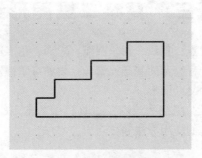

图 2-2-10　完成图形

# 项 目 训 练

按图 2-3-1 ～ 图 2-3-3 所示尺寸要求绘制简单图形。

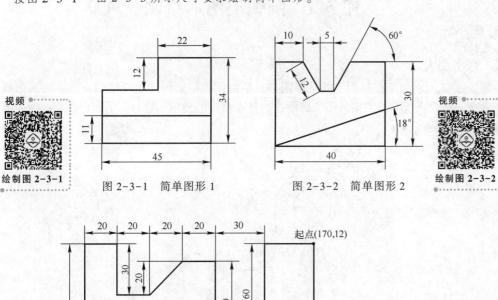

视频

绘制图 2-3-1

图 2-3-1　简单图形 1

图 2-3-2　简单图形 2

视频

绘制图 2-3-2

视频

绘制图 2-3-3

图 2-3-3　简单图形 3

# 项目三　复杂二维图形绘制

任何一幅工程图样都是由点、直线、圆、圆弧、矩形、正多边形、样条曲线等基本图形元素组成的,这些元素构成了工程绘图的基础元素。只要熟练掌握这些基本图形的绘制方法,就能够方便、快捷地绘制出各种复杂图形。

本项目主要通过两个任务,围绕"绘图"工具栏中的常用绘图命令展开,重点介绍常用的直线、圆、矩形等绘图工具的使用方法和技巧。

**学习目标**

◇ 学会常用线性对象的绘制方法。

◇ 学会绘制曲线对象的方法。

◇ 学会图案填充的方法。

## 任务 1　圆弧类图形绘制

**任务引入**

图 3-1-1 所示为工程制图中的平面图形,绘制此类平面图形需要使用直线、圆、圆弧等绘图命令,需要熟练掌握二维绘图工具中这些基本命令的使用和技巧,下面介绍绘图命令的相关知识和使用技巧。

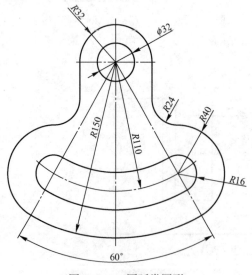

图 3-1-1　圆弧类图形

视频

绘制图 3-1-1

**相关知识**

## 一、线性图形绘制

### 1. 绘制直线段

直线命令的调用有以下三种方法：

（1）菜单：选择"绘图"——→"直线"命令。

（2）单击"绘图"工具栏中的"直线"按钮 。

（3）命令：line。

例如，绘制图 3-1-2 所示的图形。

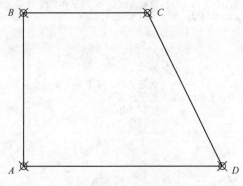

图 3-1-2 直线图形

执行直线命令后，命令行提示如下：

```
命令:_line
指定第一点:                              //拾取点A(打开正交模式)
指定下一点或[放弃(U)]:                   //拾取点B
指定下一点或[放弃(U)]:                   //拾取点C(并闭正交模式)
指定下一点或[闭合(C)/放弃(U)]:           //拾取点D
指定下一点或[闭合(C)/放弃(U)]:           //输入C后,按【Enter】键结束直线命令
```

### 2. 绘制构造线

构造线命令调用有以下三种方法：

（1）菜单：选择"绘图"——→"构造线"命令。

（2）单击"绘图"工具栏中的"构造线"按钮 。

（3）命令：XLINE（缩写名：XL）。

命令执行步骤如下：

```
命令:XLINE↙
指定点或[水平(H)/垂直(V)/角度(A)/二等分(B)/偏移(O)]:     //给定通过点1
指定通过点:                              //给定通过点2,画一条双向无限长直线
指定通过点:                              //继续给点,继续画线,按【Enter】键结束命令
```

画构造线时所有选项如表 3-1-1 所示。

表 3-1-1　构造线参数含义

| 选 项 含 义 | 绘图步骤 | 备　注 |
|---|---|---|
| 水平（H） | 给定通过点 1，画出水平线 | 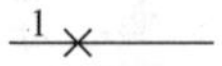 |
| 垂直（V） | 给定通过点 1，画出铅垂线 |  |
| 角度（A） | 指定直线 1 和夹角 A 后，给定通过点 2，画出和直线 1 具有夹角 A 的参照线 | 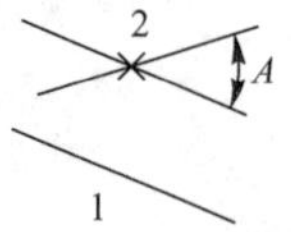 |
| 二等分（B） | 指定角顶点 1 和角的一个端点 2 后，指定另一个端点 3，则通过顶点 1 画出∠213 的平分线 | 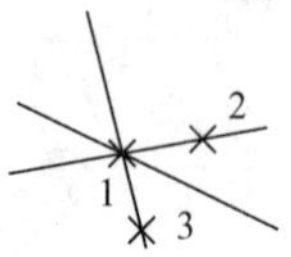 |
| 偏移（O） | 指定直线 1 后，给定点 2，则通过点 2 画出直线 1 的并行线，也可以指定偏移距离画并行线 | 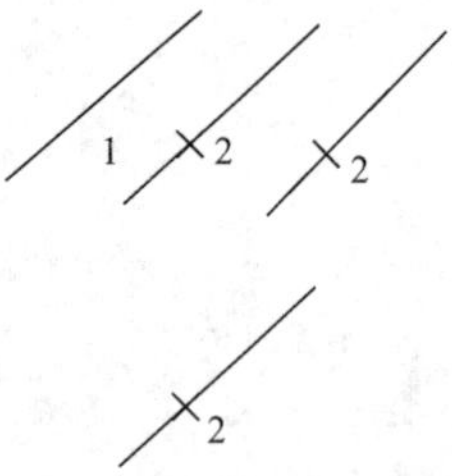 |

## 二、圆弧类图形绘制

圆与圆弧的绘制方法如下：

1. 绘制圆

圆命令的调用有以下三种方法：

（1）菜单：选择"绘图"——"圆"命令，如图 3-1-3 所示。

（2）单击"绘图"工具栏中的"圆"按钮 ⊙。

（3）命令：circle。

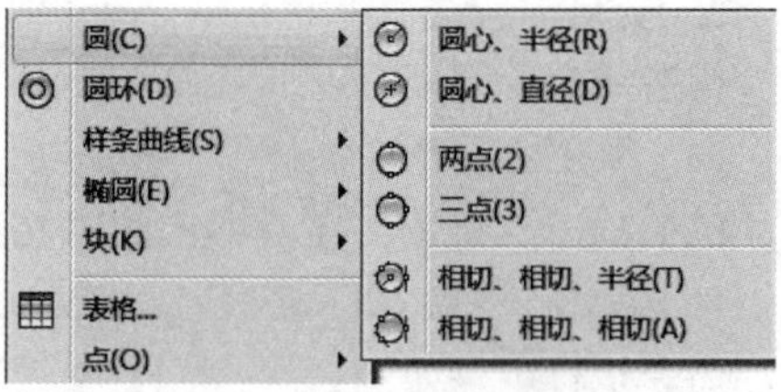

执行圆命令后，命令行提示如下：

图 3-1-3　画圆菜单

命令：_circle
指定圆的圆心或[三点(3P)/两点(2P)/切点、切点、半径(T)]：　//默认输入圆心位置
指定圆的半径或[直径(D)]：　　　　　　　　　　　　//输入半径值(若选择 D，则输入值为直径)
画圆时所有选项如表 3-1-2 所示。

表 3-1-2　画圆命令含义

| 选项含义 | 绘图步骤 | 备　注 |
|---|---|---|
| 三点（3P） | 通过指定圆周上的三个点来绘制圆 | |
| 两点（2P） | 通过确定直径上的两个点绘制圆 | |
| 相切、相切、半径（T） | 通过指定两个相切对象和半径绘制圆 | |

**提示**：用"切点、切点、半径（T）"命令绘制圆时，系统总是在距拾取点最近的部位绘制相切的圆。因此，拾取与圆相切的实体对象时，拾取的位置不同，最后得到的结果有可能不同。

**2. 绘制圆弧**

圆弧命令的调用有以下三种方法：

（1）菜单：选择"绘图" → "圆弧"命令。

（2）单击"绘图"工具栏中的"圆弧"按钮。

（3）命令：arc。

绘制图 3-1-4（a）所示的圆弧，执行圆弧命令后，命令行提示如下：

命令：_arc
指定圆弧的起点或［圆心(C)］：　　　　　　　//拾取点 A
指定圆弧的第二个点或［圆心(C)/端点(E)］：　//拾取点 B
指定圆弧的端点：　　　　　　　　　　　　//拾取点 C

选择"绘图" → "圆弧"命令，系统弹出图 3-1-4（b）所示的子菜单，该菜单提供了11 种方法绘制圆弧，下面分别进行介绍。画圆弧时所有选项如表 3-1-3 所示。

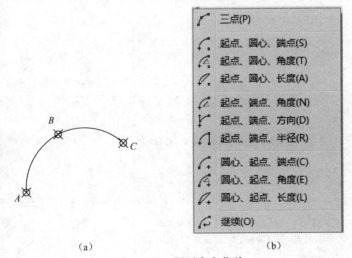

（a）　　　　　　　　　　　　　　（b）

图 3-1-4　圆弧命令菜单

表 3-1-3　圆弧命令含义

| 选项含义 | 绘图步骤 | 备　注 |
|---|---|---|
| "三点"命令 | 通过三个指定的点来绘制圆弧，第一个点是起始点，第二点是圆弧上任意一点，第三个点是终点 | |
| "起点、圆心、端点"命令 | 通过指定圆弧的起点、圆心和端点来绘制圆弧 | |
| "起点、圆心、角度"命令 | 通过指定圆弧的起点、圆心和角度来绘制圆弧，角度值的正负决定画圆的方向 | |
| "起点、圆心、长度"命令 | 通过指定圆弧的起点、圆心和弦长来绘制圆弧，弦长的正负决定画优弧还是画劣弧 | |
| "起点、端点、角度"命令 | 通过指定圆弧的起点、端点和角度来绘制圆弧，角度值的正负决定画圆的方向 | |
| "起点、端点、方向"命令 | 通过指定圆弧的起点、端点和方向来绘制圆弧 | |
| "起点、端点、半径"命令 | 通过指定圆弧的起点、端点和半径来绘制圆弧 | |
| "圆心、起点、端点"命令 | 通过指定圆弧的圆心、起点和端点来绘制圆弧 | |

| 选项含义 | 绘图步骤 | 备　注 |
|---|---|---|
| "圆心、起点、角度"命令 | 　通过指定圆弧的圆心、起点和角度来绘制圆弧，角度的正负决定画圆的方向 | |
| "圆心、起点、长度"命令 | 　通过指定圆弧的圆心、起点和长度来绘制圆弧，长度的正负决定画优弧还是劣弧 | |
| "继续"命令 | 　该命令是将最后一次绘制的线段或圆弧的终点作为新圆弧的起点，以最后所绘圆弧终止点的切线方向为新圆弧的起始点处的切线方向来绘制新圆弧 | |

## 三、特殊直线绘制

### 1. 多线

（1）多线命令的调用有以下两种方法：

① 菜单：选择"绘图"→"多线"命令。

② 命令：MLINE（缩写 ML）。

执行圆弧命令后，命令行提示如下：

命令:MLINE
当前设置:对正=上,比例=20.00,样式=STANDARD
指定起点或[对正(J)/比例(S)/样式(ST)]：　　　//给出起点或选项
指定下一点：//指定下一点,后续提示与直线命令 LINE 相同,如图 3-1-5 所示

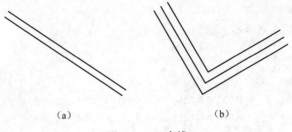

（a）　　　　　　　　　　　（b）

图 3-1-5　多线

（2）命令行各选项含义如下：

① 样式（ST）：设置多线的绘制样式。选择"格式"→"多线样式"命令，如图 3-1-6（a）

所示，则打开图 3-1-6（b）所示的"多线样式"对话框进行样式设置。

②对正（J）：设置多线对正的方向，可从顶端对正、零点对正或底端对正中选择。

③比例（S）：设置多线的比例。

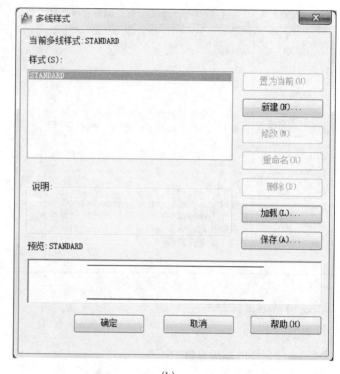

(a)  (b)

图 3-1-6 "多线样式"对话框

## 2. 绘制多段线

多段线命令的调用有以下三种方法：

（1）菜单：选择"绘图"——→"多段线"命令。

（2）单击"绘图"工具栏中的"多段线"按钮 。

（3）命令：PLINE。

执行多段线命令后，命令行提示如下：

命令：PLINE✓

指定起点：　　　　　　　　　　　　　　　　　　　　//给出起点

当前线宽为 0.0000

指定下一点或[圆弧(A)/半宽(H)/长度(L)/放弃(U)/宽度(W)]：//给出下一点或输入选项字母

指定下一点或[圆弧(A)/半宽(H)/长度(L)/放弃(U)/宽度(W)]:A　//输入 A，画圆弧

指定圆弧的端点或[角度(A)/圆心(CE)/闭合(CL)/方向(D)/半宽(H)/直线(L)/半径(R)/第二

个点(S)/放弃()/宽度(W)]：　　　　　　　　　　//选择圆弧端点或按【Enter】键结束命令

画多段线时所有选项含义如表 3-1-4 所示。

表 3-1-4 多段线选项含义

| 选 项 | 含 义 | 选 项 | 含 义 |
| --- | --- | --- | --- |
| H 或 W | 定义半线宽或线宽 | L | 确定直线段长度 |
| C | 用直线段闭合 | A | 转换成化圆弧段提示 |
| U | 放弃一次操作 | | |

例如，用多段线绘制图 3-1-7 所示二极管符号。

图 3-1-7 二极管符号

命令:PLINE↙
指定起点:10,30↙
当前线宽为 0.0000
指定下一点或[圆弧(A)/半宽(H)/长度(L)/放弃(U)/宽度(W)]:30,30↙
指定下一点或[圆弧(A)/半宽(H)/长度(L)/放弃(U)/宽度(W)]:W↙
指定起始宽度:10↙
指定终止宽度:0↙
指定下一点或[圆弧(A)/半宽(H)/长度(L)/放弃(U)/宽度(W)]:40,30↙
指定下一点或[圆弧(A)/半宽(H)/长度(L)/放弃(U)/宽度(W)]:W↙
指定起始宽度:10↙
指定终止宽度:↙
指定下一点或[圆弧(A)/半宽(H)/长度(L)/放弃(U)/宽度(W)]:41,30↙
指定下一点或[圆弧(A)/半宽(H)/长度(L)/放弃(U)/宽度(W)]:W↙
指定起始宽度:0↙
指定终止宽度:↙
指定下一点或[圆弧(A)/半宽(H)/长度(L)/放弃(U)/宽度(W)]:60,30↙

## 四、多边形绘制

### 1. 矩形绘制

矩形命令的调用有以下三种方法：

(1) 菜单：选择"绘图"→"矩形"命令。

(2) 单击"绘图"工具栏中的"矩形"按钮▢。

(3) 命令：rectang。

例如，绘制图 3-1-8 所示的矩形。执行矩形命令后，命令行提示如下：

指定第一个角点或[倒角(C)/标高(E)/圆角(F)/厚度(T)/宽度(W)]:　　　　　　//拾取点 A
指定另一个角点或[面积(A)/尺寸(D)/旋转(R)]:　　　　　　　　　　　　　//拾取点 B

图 3-1-8 矩形

画矩形时所有选项含义如表 3-1-5 所示。

表 3-1-5 矩形选项含义

| 选　项 | 选项含义 | 备　注 |
|---|---|---|
| 倒角（C） | 用于绘制一个四个角有相同斜角的矩形 | |
| 标高（E） | 用于指定矩形所在平面的高度 | |
| 圆角（F） | 用于绘制一个四个角有相同圆角的矩形 | |
| 厚度（T） | 设置矩形厚度，即 $Z$ 轴方向的高度 | |
| 宽度（W） | 用于绘制一个重新指定线宽的矩形 | |
| 面积（A） | 用于指定矩形面积的大小绘制矩形 | 命令行提示"输入以当前单位计算的矩形面积<100.0000>："，输入矩形面积值，继续提示："计算矩形标注时依据[长度(L)/宽度(W)]<长度>："，输入 L 或 W，确定长度和宽度标注值 |
| 尺寸（D） | 使用长和宽创建矩形 | 第二个指定点将矩形定位在与第一个角点相关的四个位置 |
| 旋转（R） | 用于绘制带有旋转角度的矩形 | |

## 2. 绘制正多边形

正多边形命令的调用有以下三种方法：

（1）菜单：选择"绘图"——→"多边形"命令。

（2）单击"绘图"工具栏中的"多边形"按钮 ⬠ 。

（3）命令：polygon。

例如，绘制图 3-1-9 所示的正多边形。

执行正多边形命令后，命令行提示如下：

命令：_polygon 输入边的数目<4>:6　　　　　　//输入多边形边数
指定正多边形的中心点或[边(E)]:　　　　　　//捕捉点 A
输入选项[内接于圆(I)/外切于圆(C)]<I>:　　//按【Enter】键
指定圆的半径:200　　　　　　　　　　　　　//输入圆半径

另外，用户可以在"输入选项[内接于圆(I)/外切于圆(C)]<I>:"提示下输入 C，绘制外切正六边形，如图 3-1-10 所示。

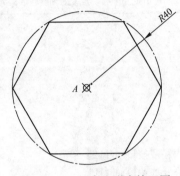

图 3-1-9　正多边形内接于圆

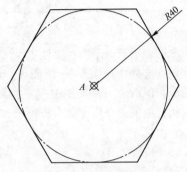

图 3-1-10　正多边形外切于圆

**提示**：如果需要绘制倾斜的正多边形，只需在输入圆半径时，按相对极坐标输入圆周上的点坐标即可。

画多边形时所有选项含义如表 3-1-6 所示。

表 3-1-6　多边形选项含义

| 选　项 | 含　义 | 选　项 | 含　义 |
| --- | --- | --- | --- |
| 边（E） | 用于绘制已知边长的正多边 | 外切于圆（C） | 该命令绘制圆的外切正多边形 |
| 内接于圆（I） | 该命令绘制圆的内接正多边形 | | |

## 五、椭圆与圆环绘制

### 1. 椭圆绘制

椭圆命令的调用有以下三种方法：

（1）菜单：选择"绘图"——→"椭圆"。

（2）单击"绘图"工具栏中的"椭圆"按钮◓。

（3）命令：ellipse。

例如，绘制图 3-1-11 所示的椭圆。

执行椭圆命令后，命令行提示如下：

命令：_ellipse
指定椭圆的轴端点或[圆弧(A)/中心点(C)]:　　//拾取端点 A

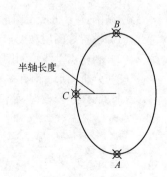

图 3-1-11　椭圆

指定轴的另一个端点：                        //拾取端点 *B*

指定另一条半轴长度或[旋转(R)]：        //输入另一轴的半轴长度或拾取 *C* 点

画椭圆时所有选项含义如表 3-1-7 所示。

表 3-1-7 椭圆命令选项含义

| 选 项 | 含 义 |
|---|---|
| 圆弧（A） | 该选项用于绘制椭圆弧 |
| 中心点（C） | 该选项以指定圆心的方式来绘制椭圆弧 |
| 旋转（R） | 该选项通过椭圆的短轴和长轴的比值把一个圆绕定义的轴旋转成椭圆 |

**2. 绘制圆环**

圆环命令的调用有以下两种方法：

（1）菜单：选择"绘图"→"圆环"命令。

（2）命令：DONUT（缩写 DO）。

例如，执行椭圆命令后，命令行提示如下：

命令：DONUT↙

指定圆环的内径<10.0000>：         //输入圆环内径或按【Enter】键

指定圆环的外径<20.0000>：         //输入圆环外径或按【Enter】键

指定圆环的中心点或<退出>：         //可连续画，按【Enter】键结束命令

图 3-1-12 所示为输入不同内径时绘制的圆环。

（a）             （b）

图 3-1-12 输入不同内径时绘制的圆环

*提示：如果内径为零，则画出实心填充图，如图 3-1-12（b）所示。

 **任务实施**

绘制图 3-1-1 所示图形的操作步骤如下：

（1）设置好图层和图形界限。

（2）利用点画线绘制图形的轴线和基准线，如图 3-1-13（a）所示。

（3）分析图形，利用"圆""直线"命令完成图 3-1-13（b）所示图形。

（4）选择"修改"菜单中的"修剪"命令，命令行提示如下：

命令：_trim

当前设置：投影=UCS，边=无

选择剪切边 …

选择对象或<全部选择>：↙         //按【Enter】键，选择所有显示的对象作为剪切边

选择要修剪的对象，或按住 Shift 键选择要延伸的对象，或[栏选(F)/窗交(C)/投影(P)/边(E)/

删除(R)/放弃(U)]：         //选择要修剪的对象(圆弧、直线等)

修剪完成后，按【Enter】键或【Esc】键，效果如图 3-1-13（c）所示。

（5）绘制图 3-1-13（d）所示 R24 的圆。

命令：_circle 指定圆的圆心或[三点(3P)/两点(2P)/切点、切点、半径(T)]:T
指定对象与圆的第一个切点：
指定对象与圆的第二个切点：
指定圆的半径<150.0000>:24 ↙

（6）选择"修改"菜单中的"修剪"命令，修剪多余的圆弧和直线，最终效果如图 3-1-13（e）所示。

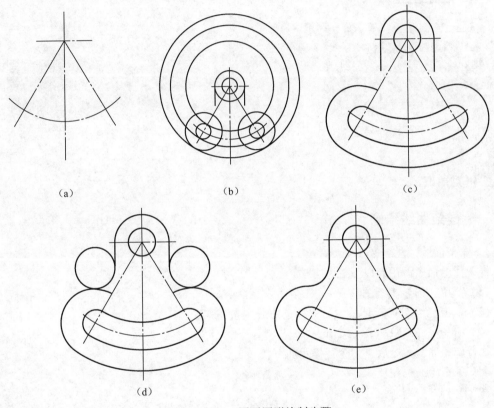

（a）　　　　　　　　　（b）　　　　　　　　　（c）

（d）　　　　　　　　　（e）

图 3-1-13　圆弧图形绘制步骤

# 任务 2　图案填充

**任务引入**

　　通过直线、样条曲线、圆命令也能够完成图 3-2-1 所示图形的绘制。本次任务是通过完成轴零件的图案填充，来完成轴类零件的剖视图和断面图。

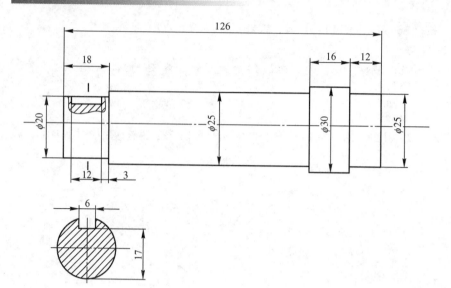

图 3-2-1  轴零件图

![相关知识图标] **相关知识**

## 一、样条曲线绘制

### 1. 样条曲线

样条线的命令调用有以下三种方法:

(1) 菜单:选择"绘图"——"样条曲线"命令。

(2) 单击"绘图"工具栏中的"样条曲线"按钮 ～ 。

(3) 命令: SPLINE (缩写 SPL)。

执行样条曲线命令后,命令行提示如下:

命令:SPLINE↙
当前设置:方式=拟合　节点=弦
指定第一个点或[方式(M)/节点(K)/对象(O)]:　　　//输入第一点,给定样条曲线上的第一点
输入下一个点或[起点切向(T)/公差(L)]:　　　//输入第二点,这些输入点称作样条曲线的
　　　　　　　　　　　　　　　　　　　　　　　　　　拟合点
输入下一个点或[端点相切(T)/公差(L)/放弃(U)]:　　//输入第三点
输入下一个点或[端点相切(T)/公差(L)/放弃(U)/闭合(C)]:　//输入点或按【Enter】键,结束点
　　　　　　　　　　　　　　　　　　　　　　　　　　输入
指定起点切向:　　　　　　　　　　　　　　　　　//给定样条曲线起点的切线方向
指定端点切向:　　　　　　　　　　　　　　　　　//给定样条曲线起点的切线方向,结束绘
　　　　　　　　　　　　　　　　　　　　　　　　　　制命令

绘制结果如图 3-2-2 所示。

画样条曲线时所有选项含义如表 3-2-1 所示。

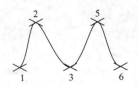

图 3-2-2 样条曲线

表 3-2-1 样条曲线选项含义

| 选 项 | 含 义 |
|---|---|
| 对象（O） | 可以选择一条用 PEDIT 命令绘制的样条拟合多段线，将其转换为真正的样条曲线 |
| 闭合（C） | 生成闭合的样条曲线 |
| 公差（L） | 控制样条曲线偏离给定拟合点的状态，默认值为零 |
| 起点切向（T） | 给定样条曲线起点的切线方向 |
| 端点相切（T） | 给定样条曲线终点的切线方向，结束绘制命令 |

2. 点绘制

1）点命令的调用

点命令的调用有以下三种方法：

（1）菜单：选择"绘图"→"点"命令。

（2）单击"绘图"工具栏中的"点"按钮。

（3）命令：point。

执行点命令后，命令行提示如下：

当前点模式：PDMODE＝0 PDSIZE＝0.0000

指定点： //用鼠标和键盘在绘制窗口确定点的位置

点命令可生成单个或多个点，这些点可用做标记点、标注点等。点样式和大小由 DDPTYPE 命令或系统变量 PDMODE 和 PDSIZE 控制。

2）点样式命令的调用

点样式命令的调用有以下两种方法：

（1）菜单：选择"格式"→"点样式"命令。

（2）命令 ddptype。

执行点样式命令后，系统弹出"点样式"对话框，如图 3-2-3 所示。该对话框提供了 20 种点样式，利用该对话框可以设置点的样式和大小。

⚡提示："相对于屏幕设置大小"单选按钮和"按绝对单位设置大小"单选按钮可以设置点尺寸单位，它将影响"点大小"文本框中的单位元，因此也会影响绘出点的大小。

3）定数等分点

定数等分点的命令调用有以下两种方法：

（1）菜单：选择"绘图"→"点"→"定数等分"命令。

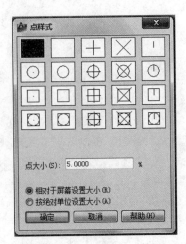

图 3-2-3 "点样式"对话框

（2）命令：divide。

执行等分点命令后，命令行提示如下：

选择要定数等分的对象：　　　　　　//选择要等分的对象（等分数范围为 2 ～ 32 767）

输入线段数目或［块（B）］：　　　　　//输入线段的等分段数

图 3-2-4 所示为定数等分点示例。

图 3-2-4　定数等分

4）定距等分点

定距等分点命令用于在选择的实体上按给定的距离放置点或图块。定距等分点的命令调用有以下两种方法：

（1）菜单：选择"绘图"→"点"→"定距等分"命令。

（2）命令：measure。

执行定距等分点命令后，命令行提示如下：

选择要定距等分的对象：　　　　　　//选择要定距等分的对象

指定线段长度或［块（B）］：　　　　　//输入线段长度

## 二、图案填充

### 1. 创建图案填充

1）图案填充命令的调用

图案填充命令的调用有以下三种方法：

（1）菜单：选择"绘图"→"图案填充"命令。

（2）单击"绘图"工具栏中的"图案填充"按钮 。

（3）命令：bhatch 或 hatch。

2）"图案填充和渐变色"对话框

执行该命令后，将弹出"图案填充和渐变色"对话框，如图 3-2-5 所示。

各选项功能如下：

（1）"类型和图案"选项组：指定图案填充的类型和图案。该选项组中包含以下选项：

①"类型"下拉列表框：用于设置填充图案的类型。AutoCAD 提供了"预定义""用户定义""自定义"三种类型供用户选择，默认图案为"预定义"。

②"图案"下拉列表框：在该下拉列表中选择图案名称，或单击该下拉列表框右边的"预览"按钮，在弹出的"填充图案选项板"对话框中选择其他图案类型，如图 3-2-6 所示。

③"样例"列表框：用于显示选定的图案。单击该列表框中的图案也可以弹出"填充图案选项板"对话框，并可以选择其他图案。

④"自定义图案"下拉列表框：用于将填充的图案设置为用户自定义的图案，用法与"图案"下拉列表框相同。该选项只有在"自定义"类型下才能使用。

（2）"角度和比例"选项组：指定选定填充图案的角度和比例。该选项组包含选项及含义如表 3-2-2 所示。

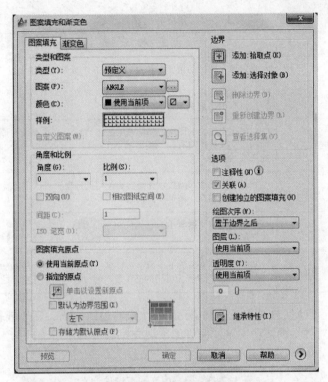

图 3-2-5　"图案填充和渐变色"对话框

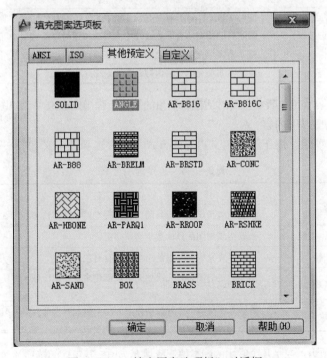

图 3-2-6　"填充图案选项板"对话框

表 3-2-2　角度和比例选项含义

| 选　项 | 含　义 |
|---|---|
| "角度"下拉列表框 | 指定填充图案的角度（相对当前 UCS 坐标系的 X 轴设置角度） |
| "比例"下拉列表框 | 放大或缩小预定义或自定义图案。只有将"类型"设置为"预定义"或"用户定义"时，此选项才能使用 |
| "双向"复选框 | 对于用户定义的图案，将绘制第二组直线，这些直线与原来的直线成 90°，从而构成交叉叉线。只有在"图案填充"选项卡上将"类型"设置为"自定义"时此选项才可用 |
| "相对图纸空间"复选框 | 相对于图纸空间缩放填充图案。使用此选项，可以很容易地以适合于布局的比例显示填充图案，该选项仅适用于布局 |
| "间距"文本框 | 指定用户定义图案中的直线间距。只有将"类型"设置为"自定义"时此选项才能使用 |
| "ISO 笔宽"下拉列表框 | 基于选定笔宽缩放 ISO 预定义图案。只有将"类型"设置为"预定义"选项，并将"图案"设置为可用的 ISO 图案的一种时，此选项才能使用 |

（3）"图案填充原点"选项组：控制填充图案生成的起始位置。某些图案填充需要与图案填充边界上的一点对齐。默认情况下，所有图案填充原点都对应于当前的 UCS 原点。该选项组包含选项及含义如表 3-2-3 所示。

表 3-2-3　图案填充圆点选项含义

| 选　项 | 含　义 |
|---|---|
| "使用当前原点"单选按钮 | 使用存储在 hporiginmode 系统变量中的设置。默认情况下，原点设置为（0，0） |
| "指定的原点"单选按钮 | 指定新的图案填充原点。选中此单选按钮时以下选项才可用 |
| "默认为边界范围"复选框 | 基于图案填充的矩形范围计算出新原点，可以选择该范围的四个角点及其中心 |
| "存储为默认原点"复选框 | 将新图案填充原点的值存储在 hporigin 系统变量中 |

（4）单击"图案填充和渐变色"对话框右下角的按钮，弹出隐藏选项，如图 3-2-7 所示。该对话框中包括以下内容：

①"边界"选项组：用于设置定义边界的方式。包含选项及含义如表 3-2-4 所示。

表 3-2-4　边界选项含义

| 按　钮 | 含　义 |
|---|---|
| "添加：拾取点"按钮 | 根据围绕指定点构成封闭区域的现有对象确定边界 |
| "添加：选择对象"按钮 | 根据构成封闭区域的选定对象确定边界 |
| "删除边界"按钮 | 从边界定义中删除以前添加的所有对象 |
| "重新创建边界"按钮 | 围绕选定的图案填充或填充对象创建多段线或面域，并使其与图案填充对象相关联 |
| "查看选择集"按钮 | 暂时关闭对话框，并使用当前的图案填充或填充设置显示当前定义的边界。如果未定义边界，则此选项不能使用 |

②"选项"选项组：控制几个常用的图案填充或填充选项。其包含的选项及含义如表 3-2-5 所示。

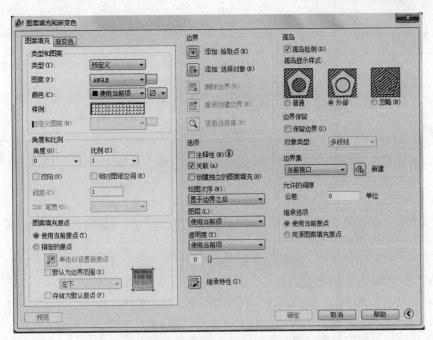

图 3-2-7　显示"图案填充和渐变色"对话框中的隐藏选项

表 3-2-5　常用图案填充选项含义

| 选　项 | 含　义 |
|---|---|
| "关联"复选框 | 控制图案填充或填充的关联。关联的图案填充或渐变色填充在用户修改其边界时将会更新 |
| "创建独立的图案填充"复选框 | 控制当指定了几个独立的闭合边界时，是创建单个图案填充对象，还是创建多个图案填充对象 |
| "绘图次序"下拉列表框 | 为图案填充或渐变色填充指定绘图次序。图案填充可以放在所有其他对象之后、所有其他对象之前、图案填充边界之后或图案填充边界之前 |
| "关联"复选框 | 控制图案填充或填充的关联。关联的图案填充或渐变色填充在用户修改其边界时将会更新 |
| "创建独立的图案填充"复选框 | 控制当指定了几个独立的闭合边界时，是创建单个图案填充对象，还是创建多个图案填充对象 |
| "绘图次序"下拉列表框 | 为图案填充或渐变色填充指定绘图次序。图案填充可以放在所有其他对象之后、所有其他对象之前、图案填充边界之后或图案填充边界之前 |
| "图层"下拉列表框 | 为指定的图层指定新图案填充对象，替代当前图层。选择"使用当前值"选项可使用当前图层 |
| "透明度"下拉列表框 | 设定新图案填充或填充的透明度，替代当前对象的透明度。选择"使用当前值"选项可使用当前对象的透明度设置 |

③"继承特性"按钮：使用选定图案填充对象的图案填充或渐变色填充特性，对指定的边界进行图案填充或渐变色填充。

④"孤岛"选项组：指定在最外层边界内填充对象的方法。该选项组中包括以下两项内容：

a. "孤岛检测"复选框：控制是否检测内部闭合边界（称为孤岛）。

b. "孤岛显示样式"单选按钮：AutoCAD 提供了 3 种孤岛显示样式，其含义如表 3-2-6 所示。

表 3-2-6　孤岛显示样式含义

| 选　　项 | 含　　义 |
|---|---|
| 普通 | 从外部边界向内填充。如果遇到一个内部孤岛，它将停止进行图案填充或渐变色填充，直到遇到该孤岛内的另一个孤岛再继续进行填充 |
| 外部 | 从外部边界向内填充。如果遇到内部孤岛，它将停止进行图案填充或渐变色填充。此选项只对结构的最外层进行图案填充或渐变色填充，而结构内部保留空白 |
| 忽略 | 忽略所有内部的对象，填充图案时将填充这些对象 |

⑤"边界保留"选项组：指定是否将边界保留为对象，并确定应用于这些对象的对象类型。选中"保留边界"复选框，然后在"对象类型"下拉列表框中选择对象类型为"面域"或"多段线"。

⑥"边界集"选项组：定义从指定点定义边界时要分析的对象集。当使用"选择对象"定义边界时，选定的边界集无效。

⑦"允许的间隙"选项组：设置将对象用做图案填充边界时可以忽略的最大间隙。默认值为 0，此值指定对象必须为封闭区域。

⑧"继承选项"选项组：使用此选项创建图案填充时，这些设置将控制图案填充原点的位置。其中包括以下两个选项：

a."使用当前原点"单选按钮：使用当前的图案填充原点设置。

b."用源图案填充的原点"单选按钮：使用源图案填充的图案填充原点。

例如：填充图 3-2-8（a）所示图形，结果如图 3-2-8（b）所示。

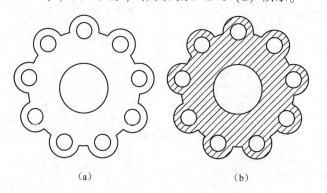

（a）　　　　　　　　　　　　　　（b）

图 3-2-8　图案填充

命令提示如下：

```
命令:_bhatch
拾取内部点或[选择对象(S)/删除边界(B)]:　正在选择所有对象...
正在选择所有可见对象...
正在分析所选资料...
正在分析内部孤岛...
拾取内部点或[选择对象(S)/删除边界(B)]:
```

**2. 创建渐变色填充**

1）渐变填充命令的调用

渐变色填充命令的调用有以下三种方法：

（1）菜单：选择"绘图"→"渐变色"命令。

（2）单击"绘图"工具栏中的"渐变色"按钮。

（3）命令：gradient。

执行该命令后，弹出"图案填充和渐变色"对话框，选择"渐变色"选项卡，如图 3-2-9 所示。

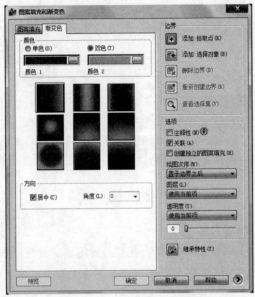

图 3-2-9　"渐变色"选项卡

2）"渐变色"选项卡

该选项卡中各选项功能如下：

（1）"颜色"选项组：定义要应用的渐变填充的外观。该选项组包括以下两个单选按钮：

①"单色"单选按钮：指定使用从较深色调到较浅色调平滑过渡的单色填充。

②"双色"单选按钮：指定在两种颜色之间平滑过渡的双色渐变填充。

（2）"方向"选项组：指定渐变色的角度及其是否对称。该选项组包括以下两个内容：

①"居中"复选框：指定对称的渐变配置。如果没有选定此选项，渐变填充将朝左上方变化，创建光源在对象左边的图案。

②"角度"下拉列表框：指定渐变填充的角度。相对当前 UCS 指定角度，此选项与指定给图案填充的角度互不影响。创建的渐变色填充效果如图 3-2-10 所示。

图 3-2-10　渐变色填充效果图

 **任务实施**

绘制图 3-2-1 所示轴零件图的步骤如下：

1. 规则图案填充

（1）绘制二维图形，如图 3-2-11（a）所示。

（2）利用图案填充命令进行填充。选择"图案"→ANSI31→"添加拾取点"命令，结果如图 3-2-11（b）所示。

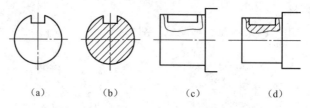

（a）　　　　（b）　　　　（c）　　　　（d）

图 3-2-11　案例绘图步骤

2. 不规则图案填充

（1）利用"曲线"按钮∿绘制轮廓线如图 3-2-11（c）所示。（注意封闭曲线。）

（2）利用"图案填充"命令进行填充，结果如图 3-2-11（d）所示。

注意：在填充时，添加拾取点，可以同时拾取图 3-2-11（a）、（b）所示的闭合区域，保证剖面线的方向和间隔的一致和进行同时修改。

# 项 目 训 练

1. 绘制二维图形。步骤提示如下：

（1）绘制一个长为 60，宽为 30 的矩形，在矩形对角线交点处绘制一个半径为 10 的圆。

（2）在矩形下边线左右各 $\frac{1}{8}$ 处绘制圆的切线；再绘制一个圆的同心圆，半径为 5，完成后的图形如图 3-3-1 所示。

2. 绘制二维图形。步骤提示如下：

（1）绘制一个两轴长分别为 100 及 60 的椭圆。

（2）椭圆中绘制一个三角形，三角形三个顶点分别为：椭圆上四分点、椭圆左下四分之一椭圆弧的中点以及椭圆右四分之一椭圆弧的中点；绘制三角形的内切圆，完成后的图形如图 3-3-2 所示。

（3）在三角形与内圆之间填充蓝色渐变色。

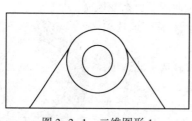

图 3-3-1　二维图形 1

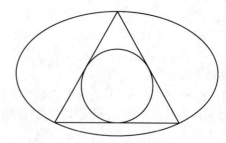

图 3-3-2　二维图形 2

3. 绘制二维图形。步骤提示如下：

（1）绘制一个宽度为 10、外圆直径为 100 的圆环。

（2）在圆中绘制箭头，箭头尾部宽为 10，箭头起始宽度（圆环中心处）为 20；箭头的头尾与圆环的水平四分点重合。绘制一个直径为 50 的同心圆。

完成后的图形如图 3-3-3 所示。

4. 绘制二维图形。步骤提示如下：

（1）绘制一个边长为 20、*AB* 边与水平线夹角为 30° 的正七边形；绘制一个半径为 10 的圆，且圆心与正七边形同心；再绘制正七边形的外接圆。

（2）绘制一个与正七边形相距 10 的外围正七边形。

完成后的图形如图 3-3-4 所示。

视频

绘制图 3-3-3

图 3-3-3　二维图形 3

图 3-3-4　二维图形 4

5. 绘制二维图形。步骤提示如下：

（1）绘制二条长度为 80 的垂直平分线。

（2）绘制多段线，其中弧的半径为 25。

完成后的图形如图 3-3-5 所示。

6. 绘制二维图形。步骤提示如下：

（1）绘制一个 100×80 的矩形。

（2）在矩形中心绘制两条相交多线，多线类型为三线，且多线的每两个元素间的间距为 10，两相交多线在中间断开。

完成后的图形如图 3-3-6 所示。

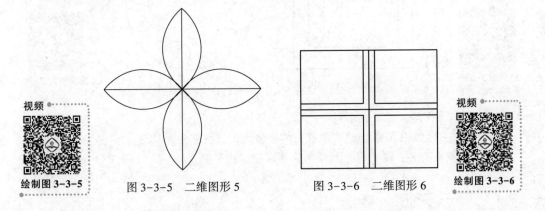

视频

绘制图 3-3-5

图 3-3-5　二维图形 5

图 3-3-6　二维图形 6

视频

绘制图 3-3-6

7. 绘制二维图形。步骤提示如下：

（1）绘制一个直角三角形 *ABC*，其中：*AB* 长为 400，*AC* 长为 300。

（2）绘制三角形 *ABC* 内切圆，再绘制一个与三角形的内切圆、*AB* 边、*BC* 相切的圆。

完成后的图形如图 3-3-7 所示。

8. 绘制二维图形。步骤提示如下：

（1）绘制两个圆，半径分别为 50、100；两圆相距 300。

（2）绘制一条相切两圆的圆弧，圆弧半径为 200；绘制两圆的外公切线；以两圆圆心连接线的中点为圆心绘制一个与圆弧相切的圆。

完成后的图形如图 3-3-8 所示。

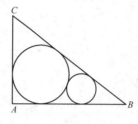 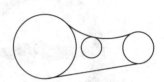

图 3-3-7　二维图形 7　　　　　　图 3-3-8　二维图形 8

9. 绘制二维图形。步骤提示如下：

（1）绘制一个 200×150 的矩形。

（2）再绘制一个 150×80 的矩形，要求此矩形的中心与大矩形的中心重合。

完成后的图形如图 3-3-9 所示。

10. 绘制二维图形。步骤提示如下：

（1）绘制十二个相切的圆，圆心与圆心的距离为 12。

（2）绘制此十二个相切圆的外接圆。

完成后的图形如图 3-3-10 所示。

绘制图 3-3-9

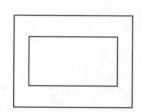 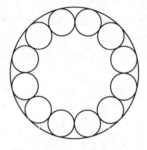

视频

绘制图 3-3-10

图 3-3-9　二维图形 9　　　　图 3-3-10　二维图形 10

11. 绘制二维图形。步骤提示如下：

（1）按图 3-3-11 的要求绘制双向箭头的轮廓线，线的颜色为红色。

（2）填充双向箭头，填充颜色为绿色，要求轮廓线可见。

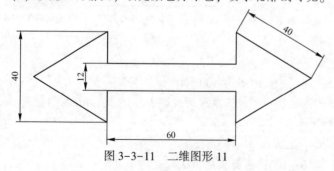

视频

绘制图 3-3-11

图 3-3-11　二维图形 11

12. 绘制平面图形，如图 3-3-12 所示。

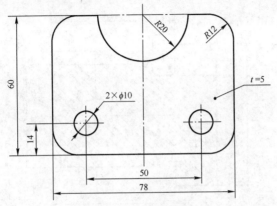

图 3-3-12　平面图形 1

13. 绘制平面图形，如图 3-3-13 所示。

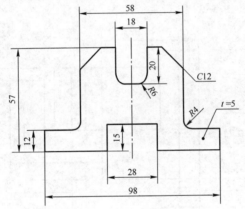

图 3-3-13　平面图形 2

14. 绘制轴零件图，如图 3-3-14 所示。

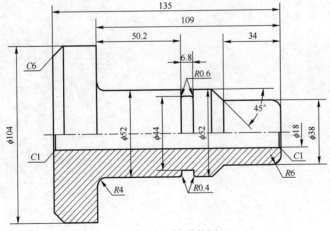

图 3-3-14　轴零件图 1

15. 绘制轴零件图，如图 3-3-15 所示。

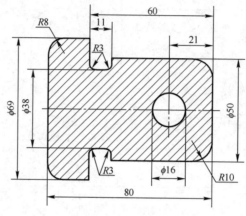

图 3-3-15　轴零件图 2

16. 绘制轴零件图，如图 3-3-16 所示。

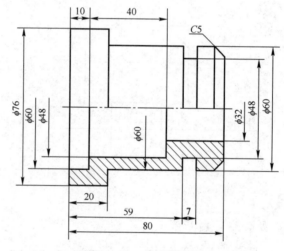

图 3-3-16　轴零件图 3

# 项目四　二维图形编辑

一幅工程图不可能仅利用基本绘图工具就能绘制完成，通常会由于作图需要或误操作产生多余的线条，因此需要对图线进行必要的修改，使绘制的图形符合设计要求。图形编辑是指对已有图形对象进行复制、移动、旋转、删除等其他修改操作。它可以帮助用户合理构造与组织图形，保证作图的准确度，减少重复的绘图操作，从而提高设计与绘图的效率。

本项目主要介绍常用编辑图形工具的使用方法和操作方法，以及选取对象、编辑和对象设置的操作方法。

 **学习目标**

◇ 学会编辑对象的基本操作。

◇ 学会使用编辑工具编辑图形。

# 任务1　摇杆绘制

**任务引入**

完成图 4-1-1 所示的摇杆零件图的绘制，通过绘图命令完成摇杆中圆、直线的绘制，在此基础上通过基本编辑命令的学习能够熟练掌握编辑命令的使用方法，例如镜像、旋转、偏移等命令的使用能够准确、快速完成摇杆的绘制。

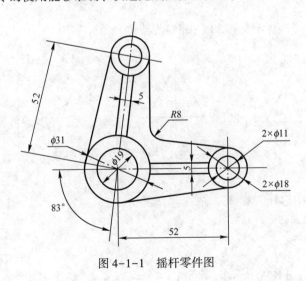

图 4-1-1　摇杆零件图

视频 ●

绘制图 4-1-1

 **相关知识**

## 一、对象的移动

**1. 移动**

移动是指不改变对象的大小与方向，将对象进行平移。

其命令的调用有以下三种方法：

（1）菜单：选择"修改"——"移动"命令。

（2）单击"修改"工具栏中的"移动"按钮 ✛ 。

（3）命令：move

例如，将图 4-1-2 所示的三角形由位置 1 移至位置 2。

操作如下：

（1）从"修改"菜单或工具栏中选择"移动"命令。

（2）选择要移动的对象并按【Enter】键。

命令行提示：

```
命令：_move    找到 n 个对象
指定基点或 [位移(D)] <位移>：拾取 1 点
指定第二个点或 <使用第一个点作为位移>：拾取 2 点
```

⚡**提示**：当使用夹点移动对象时，基夹点将作为移动的默认基点。

**2. 旋转**

旋转是指将所选定的对象绕点（基点）旋转某一角度。其命令的调用有以下三种方法：

（1）菜单：选择"修改"——"旋转"命令。

（2）单击"修改"工具栏中的"旋转"按钮 ⟳ 。

（3）命令：Rotate。

例如，将图 4-1-3 所示的三角形绕点 1 旋转 30°（相对旋转角）。

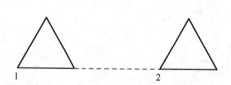
图 4-1-2　移动图形

图 4-1-3　旋转图形

操作如下：

（1）从"修改"菜单或工具栏中选择"旋转"命令。

（2）选择要旋转的对象并按【Enter】键。

命令行提示：

```
命令：_rotate
UCS 当前的正角方向：D ANG IR=逆时针   ANGBASE=0
指定基点：拾取 1 点
指定旋转角度,或 [复制(C)/参照(R)] <330>：-30   //顺时针为负值
```

⚡**提示**：指定一个相对角度将从对象当前的方向以相对角度围绕基点旋转对象，指定一个绝对角度会从当前角度将对象旋转到新的绝对角度。对象是按逆时针还是按顺时针旋转，取决于"图形单位"对话框中的设置及输入角度值的正负。

## 二、创建对象副本

**1．复制**

复制是指将单个或多个对象复制到指定位置。其命令的调用有以下三种方法：

（1）菜单：选择"修改"──▶"复制"命令。

（2）单击"修改"工具栏中的"复制"按钮 ⏏️。

（3）命令：COPY。

例如，将图4-1-4（a）所示的三角形复制成图4-1-4（b）所示样式。

操作如下：

（1）从"修改"菜单或工具栏中选择"复制"命令。

（2）选择要复制的对象并按【Enter】键。

命令行提示：

```
指定基点或 [位移(D)] <位移>： 1    //指定第二个点或 <使用第一个点作为位移>
指定第二个点或 [退出(E)/放弃(U)] <退出>：拾取 2 点
指定第二个点或 [退出(E)/放弃(U)] <退出>：拾取 3 点
```

**2．镜像**

镜像是指将选择的对象按给定的镜像轴线做反向复制，可以删除或保留原对象。其命令的调用有以下三种方法：

（1）菜单：选择"修改"──▶"镜像"命令。

（2）单击"修改"工具栏中的"镜像"按钮 ⚖️。

（3）命令：MIRROR。

例如，将图4-1-5（a）所示的三角形镜像为图4-1-5（b）所示样式。

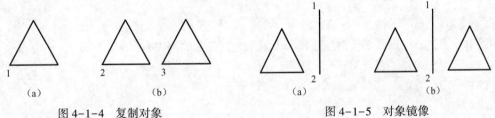

图4-1-4  复制对象　　　　　　　图4-1-5  对象镜像

操作如下：

（1）从"修改"菜单或工具栏中选择"镜像"命令。

（2）选择要创建镜像的对象并按【Enter】键。

命令行提示：

```
命令:_mirror
选择对象：//选择三角形
选择对象:↙
```

指定镜像线的第一点:拾取 1 点

指定镜像线的第二点:拾取 2 点

要删除源对象吗?［是(Y)/否(N)］<N>:↙    //结果保留原对象

**3. 偏移**

偏移用于创建与选定对象平行距离的新对象（等距类似曲线对象）。其命令的调用有以下三种方法：

（1）菜单：选择"修改"——➤"偏移"命令。

（2）单击"修改"工具栏中的"偏移"按钮  。

（3）命令：OFFSET。

例如，将图4-1-6（a）所示图形偏移成图4-1-6（b）所示样式（中间线为原图）。

操作如下：

从"修改"菜单或工具栏中选择"偏移"命令。

（a）                    （b）

图 4-1-6  对象偏移

命令行提示：

命令:_offset

当前设置:删除源=否  图层=源 OFFSETGAPTYPE=0

指定偏移距离或［通过(T)/删除(E)/图层(L)］<10.0000>: 10

选择要偏移的对象,或［退出(E)/放弃(U)］<退出>:                    //选择图4-1-6(a)所示图形

指定要偏移的那一侧上的点,或［退出(E)/多个(M)/放弃(U)］<退出>: //单击图4-1-6(a)所示图形外侧

选择要偏移的对象,或［退出(E)/放弃(U)］<退出>:                    //选择4-1-6(a)所示图形

指定要偏移的那一侧上的点,或［退出(E)/多个(M)/放弃(U)］<退出>: //单击图4-1-6(a)所示图形内侧

选择要偏移的对象,或［退出(E)/放弃(U)］<退出>:↙

⚡提示：可以偏移直线、圆弧、圆、二维多段线、椭圆、椭圆弧、参照线、射线和平面样条曲线。

## 三、对象的修整

**1. 圆角**

圆角是通过一个圆弧来光滑地连接两个对象。其命令的调用有以下三种方法：

（1）菜单：选择"修改"——➤"圆角"命令。

（2）单击"修改"工具栏中的"圆角"按钮 。

（3）命令：FILLET。

例如，将图4-1-7（a）所示矩形进行倒角操作，结果如图4-1-7（b）所示。

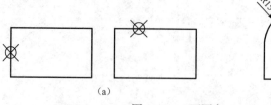

（a）                                        （b）

图 4-1-7  画圆角

操作如下：

从"修改"菜单或工具栏中选择"圆角"命令。

命令行提示：

命令:_fillet
当前设置:模式=修剪,半径=0.0000
选择第一个对象或［放弃(U)/多段线(P)/半径(R)/修剪(T)/多个(M)］:r
指定圆角半径 <0.0000>:15
选择第一个对象或［放弃(U)/多段线(P)/半径(R)/修剪(T)/多个(M)］: //选择第一条直线
选择第二个对象,或按住 Shift 键选择要应用角点的对象: //选择第二条直线

**2. 倒角**

倒角是对两个直线边倒角，可以倒角直线、多段线等。其命令的调用有以下三种方法：

（1）菜单：选择"修改" → "倒角"命令。

（2）单击"修改"工具栏中的"倒角"按钮 。

（3）命令：CHAMFER。

例如，将图 4-2-3（a）所示图形倒角成为图 4-1-8（b）所示样式。

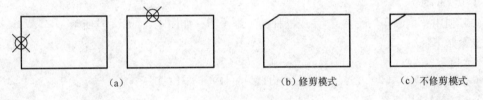

（a）　　　　　　　　（b）修剪模式　　　　　（c）不修剪模式

图 4-1-8　画倒角

操作如下：

从"修改"菜单或工具栏中选择"倒角"命令。

命令行提示：

命令:_chamfer
("修剪"模式) 当前倒角距离 1=0.0000,距离 2=0.0000
选择第一条直线或［放弃(U)/多段线(P)/距离(D)/角度(A)/修剪(T)/方式(E)/多个(M)］:d
指定第一个倒角距离 <0.0000>:5
指定第二个倒角距离 <5.0000>:10
选择第一条直线或［放弃(U)/多段线(P)/距离(D)/角度(A)/修剪(T)/方式(E)/多个(M)］:
　　　　　　　　　　　　　　　　　　　　　　　　　　　　　//选择第一条直线
选择第二条直线,或按住 Shift 键选择要应用角点的直线: //选择第二条直线
选择第一条直线或［放弃(U)/多段线(P)/距离(D)/角度(A)/修剪(T)/方式(E)/多个(M)］:T
输入修剪模式选项［修剪(T)/不修剪(N)］<修剪>:n
选择第一条直线或［放弃(U)/多段线(P)/距离(D)/角度(A)/修剪(T)/方式(E)/多个(M)］:
　　　　　　　　　　　　　　　　　　　　　　　　　　　　　//选择第一条直线
选择第二条直线,或按住 Shift 键选择要应用角点的直线: //选择第二条直线

 **任务实施**

绘制图 4-1-1 所示摇杆零件图的步骤如下：

（1）利用基本绘图命令中的圆和直线命令完成轴线与圆的绘制，通过单击"偏移"按钮 ，

73

调用"偏移"命令完成圆与圆之间的连接，结果如图 4-1-9（a）所示。

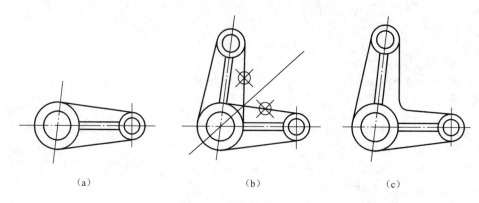

（a）       （b）       （c）

图 4-1-9　摇杆绘图步骤

（2）利用"等分"命令 ✎ 完成角的等分，利用"镜像"命令 ▲ 完成图形的镜像，如图 4-1-9（b）所示。

（3）利用"倒圆角"命令 ⬜ 完成摇杆的二维绘图，如图 4-1-9（c）所示。

步骤如下：

指定圆的半径或［直径(D)］<5.5000>:d
指定圆的直径 <11.0000>:18　　//绘制 φ11、φ18、φ19 和 φ31 的圆
命令:_offset
当前设置:删除源=否　图层=源　OFFSETGAPTYPE=0
指定偏移距离或［通过(T)/删除(E)/图层(L)］<通过>: 2.5
选择要偏移的对象,或［退出(E)/放弃(U)］<退出>:
指定要偏移的那一侧上的点,或［退出(E)/多个(M)/放弃(U)］<退出>:　//绘制圆中心线的偏移线
命令:_extend
当前设置:投影=UCS,边=无
选择边界的边…
选择对象或<全部选择>:　找到 1 个
选择要延伸的对象,或按住 Shift 键选择要修剪的对象,或［栏选(F)/窗交(C)/投影(P)/边(E)/放弃(U)］:
命令:_xline 指定点或［水平(H)/垂直(V)/角度(A)/二等分(B)/偏移(O)］:b
指定角的顶点:
指定角的起点:
指定角的端点:　　　　　　　　　　　　　　　　　　　　//绘制二等分辅助线
命令:_mirror
选择对象:找到 1 个,总计 5 个　　　　　　　　　　　　//镜像完成圆的对称图形
命令:_fillet
当前设置:模式=修剪,半径=24.0000
选择第一个对象或［放弃(U)/多段线(P)/半径(R)/修剪(T)/多个(M)］://设置圆角半径为 8
指定圆角半径<24.0000>:8
选择第一个对象或［放弃(U)/多段线(P)/半径(R)/修剪(T)/多个(M)］:　//选择第一条线
选择第二个对象,或按住 Shift 键选择要应用角点的对象:　　//选择第二条线,完成圆的例角命令

# 任务 2　手 柄 绘 制

**任务引入**

　　本次任务是完成手柄的绘制，通过绘图命令能够完成手柄中直线、圆弧等的绘制，在此基本上，通过基本编辑命令的学习能够熟练掌握编辑命令的使用，例如镜像、修剪、偏移等命令的使用能够准确、快速完成图 4-2-1 手柄的绘制。

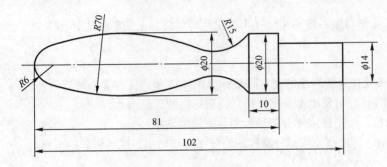

视频

绘制图 4-2-1

图 4-2-1　手柄零件图

**相关知识**

## 一、对象的修整

### 1. 修剪

修剪是用边界（由一个或多个对象定义的剪切边）修剪对象。其命令的调用有以下三种方法：

（1）菜单：选择"修改"→"修剪"命令。

（2）单击"修改"工具栏中的"修剪"按钮 ⊬。

（3）命令：TRIM。

例如，将图 4-2-2（a）所示图形修剪成图 4-2-2（b）所示样式。

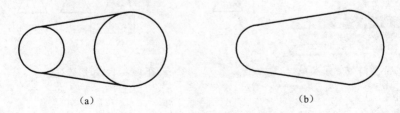

（a）　　　　　　　　　　　　　　　（b）

图 4-2-2　修剪对象

操作如下：

从"修改"菜单或工具栏中选择"修剪"命令。

命令行提示：

命令：_trim

当前设置：投影=UCS，边=无

选择剪切边 ... 即选择剪切对象的边界

选择对象或 <全部选择>：//分别选择两条切线

选择对象：↙

选择要修剪的对象，或按住 Shift 键选择要延伸的对象，或[栏选(F)/窗交(C)/投影(P)/边(E)/删除(R)/放弃(U)]：//分别选择切点内侧两圆弧

选择要修剪的对象，或按住 Shift 键选择要延伸的对象，或[栏选(F)/窗交(C)/投影(P)/边(E)/删除(R)/放弃(U)]：↙

**提示**：剪切边和被剪切对象一定要相交（可以设定是延伸相交的隐含边界）。

2. 阵列

1）阵列的类型

阵列是指创建以阵列模式排列的对象的副本。AutoCAD 2012 提供三种类型的阵列：

● 矩形（ARRAYRECT）：将对象副本分布到行、列和标高的任意组合。

● 路径（ARRAYPATH）：沿路径或部分路径均匀分布对象副本。

● 环形（ARRAYPOLAR）：沿路径或部分路径均匀分布对象副本，按环形或矩形形式。

2）阵列命令的调用

阵列命令的调用有以下三种方法：

（1）菜单：选择"修改"→"阵列"命令，如图 4-2-3 所示。

（2）单击"修改"工具栏中的"阵列"按钮 ，右下角三角会出现一些图标 。

（3）命令：ARRAY。

3）创建矩形阵列

例如，将图 4-2-4（a）所示图形阵列成图 4-2-4（b）所示样式。

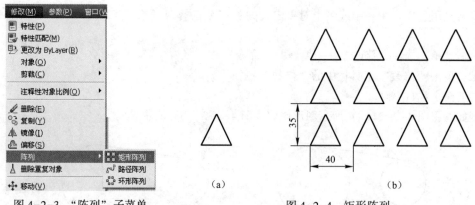

图 4-2-3 "阵列"子菜单　　　　图 4-2-4 矩形阵列

操作如下：

选择"修改"→"阵列"→选择"矩形阵列"命令或单击"修改"工具栏中的"阵列"按钮 ，选择"矩形阵列"方式 。

命令行提示：

命令：_arrayrect

选择对象:指定对角点:找到 1 个　//选图4-2-4(a)所示三角形
选择对象:↙
类型=矩形　关联=是
为项目数指定对角点或 [基点(B)/角度(A)/计数(C)] <计数>:C
输入行数或 [表达式(E)] <4>:3
输入列数或 [表达式(E)] <4>:4
指定对角点以间隔项目或 [间距(S)] <间距>:S
指定行之间的距离或 [表达式(E)] <7.0741>:35
指定列之间的距离或 [表达式(E)] <8.1684>:40
按 Enter 键受或 [关联(AS)/基点(B)/行(R)/列(C)/层(L)/退出(X)] <退出>:AS
创建关联阵列 [是(Y)/否(N)] <是>:N
按 Enter 键接受或 [关联(AS)/基点(B)/行(R)/列(C)/层(L)/退出(X)] <退出>:↙
　　　　　　//单击"确定"按钮完成矩形阵列(也可以预览后接受或修改,也可以改变阵列角度)

⚡**提示**:"关联"和"非关联"项目含义如下:
- 关联:项目包含在单个阵列对象中。
- 非关联:阵列中的项目将创建为独立的对象。更改一个项目不影响其他项目。

4) 创建环形阵列
例如,将图4-2-5 (a) 所示三角形环形阵列成图4-2-5 (b) 所示样式。

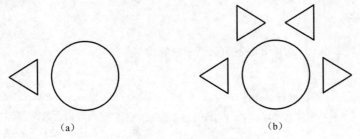

(a)　　　　　　　　　　　　(b)

图4-2-5　环形阵列

操作如下:
选择"修改" ➝ "阵列" ➝选择"环形阵列"命令或单击"修改"工具栏的"阵列"
按钮 ⊞ 选择"环形阵列"方式 ⊞ 。
命令行提示:

命令:_arraypolar
选择对象:找到 1 个　//选图4-2-5(a)所示三角形
选择对象:↙
类型=极轴　关联=否
指定阵列的中心点或 [基点(B)/旋转轴(A)]:　// 选择圆心
输入项目数或 [项目间角度(A)/表达式(E)] <4>:　//输入阵列数目
指定填充角度(+=逆时针、-=顺时针)或 [表达式(EX)] <360>:-180　//输入填充角度
按 Enter 键接受或 [关联(AS)/基点(B)/项目(I)/项目间角度(A)/填充角度(F)/行(ROW)/层
(L)/旋转项目(ROT)/退出(X)]:↙

⚡**提示**:输入阵列中项目总数,包含原对象。填充的角度为正值时,逆时针旋转阵列;填充的角度为负值时,顺时针旋转阵列,角度的默认设置为360°。可以控制副本对象的数目和决定是否旋转对象。

5）创建路径阵列

创建路径阵列的路径方式可以是直线、多段线、三维多段线、样条曲线、螺旋、圆弧、圆或椭圆。

例如，将图 4-2-6（a）所示三角形沿样条曲线阵列成图 4-2-6（b）所示样式。

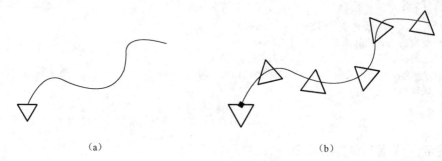

（a）       （b）

图 4-2-6　路径阵列

操作如下：

选择"修改"——→"阵列"——→"路径阵列"命令或单击"修改"工具栏中的"阵列"按钮，选择"路径阵列"方式。

命令行提示：

命令：_arraypath
选择对象:找到 1 个　//选择图 4-2-6(a)所示三角形
选择对象:↙
类型=路径　关联=否
选择路径曲线：　//选择样条曲线
输入沿路径的项数或 [方向(O)/表达式(E)] <方向>:6　//输入阵列个数
指定沿路径的项目之间的距离或 [定数等分(D)/总距离(T)/表达式(E)] <沿路径平均定数等分(D)>:↙　//默认沿路径平均定数等分
按 Enter 键接受或 [关联(AS)/基点(B)/项目(I)/行(R)/层(L)/对齐项目(A)/Z 方向(Z)/退出(X)] <退出>:↙

## 二、对象的变形

### 1. 延伸

延伸是将对象延伸到边界。其命令的调用有如下三种方法：

（1）菜单：选择"修改"——→"延伸"命令。

（2）单击"修改"工具栏中的"延伸"按钮。

（3）命令：EXTEND。

例如，将图 4-2-7（a）所示图形延伸成图 4-2-7（b）所示样式。

操作如下：

从"修改"菜单或工具栏中选择"延伸"命令。

命令行提示：

命令：_extend
当前设置:投影=UCS,边=无
选择边界的边... //选择延伸对象的边界

选择对象或<全部选择>: //选择圆
选择对象:↙
选择要延伸的对象,或按住 Shift 键选择要修剪的对象,或[栏选(F)/窗交(C)/投影(P)/边(E)/
放弃(U)]: //单击直线上端
选择要延伸的对象,或按住 Shift 键选择要修剪的对象,或[栏选(F)/窗交(C)/投影(P)/边(E)/
放弃(U)]:↙

⚡**提示**:延伸边和被延伸对象一定要相交(可以设定是延伸相交的隐含边界)。

**2. 缩放**

缩放可以将对象按统一比例放大或缩小。其命令的调用有以下三种方法:

(1)菜单:选择"修改"——→"缩放"命令。

(2)单击"修改"工具栏中的"缩放"按钮 🔲 。

(3)命令:SCALE。

例如,将图 4-2-8(a)所示图形缩放成图 4-2-8(b)所示样式。

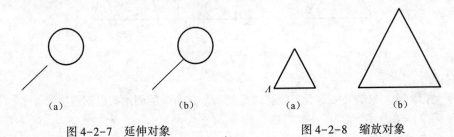

图 4-2-7　延伸对象　　　　　图 4-2-8　缩放对象

操作如下:

(1)从"修改"菜单或工具栏中选择"比例"命令。

(2)选择要缩放的对象

命令行提示:

命令:_scale
选择对象: //选择三角形
选择对象:↙
指定基点:A //选择点 A
指定比例因子或[复制(C)/参照(R)]<1.0000>: 2

⚡**提示**:可以通过指定一个基点和长度(基于当前图形单位,被用作比例因子)或直接
输入比例因子来缩放对象。也可以为对象指定当前长度和新长度。

**3. 拉伸**

拉伸命令可以局部拉伸对象。其命令的调用有以下三种方法。

(1)菜单:选择"修改"——→"拉伸"命令。

(2)单击"修改"工具栏中的"拉伸"按钮 🔲 。

(3)命令:stretch。

例如,将图 4-2-9(a)所示图形拉伸成图 4-2-9(b)所示样式。

操作如下:

(1)从"修改"菜单或工具栏中选择"拉伸"命令。

（2）选择要拉伸的对象。

命令行提示：

命令：_stretch

以交叉窗口（从右向左）或交叉多边形选择要拉伸的对象...

选择对象：指定对角点：找到 1 个

选择对象：↙

指定基点或［位移（D）］＜位移＞：　//指定图 4-2-9（a）所示三角形顶点

指定第二个点或＜使用第一个点作为位移＞：　//指定图 4-2-9（c）所示三角形顶点

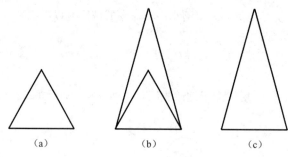

(a)　　　　　　　(b)　　　　　　　(c)

图 4-2-9　拉伸对象

### 4. 打断

打断是指删除对象的某一部分，或将对象打断。其命令的调用有以下方法：

（1）菜单：选择"修改"→"打断"命令。

（2）单击"修改"工具栏中的"打断"按钮 □。

（3）命令：BREAK。

例如，将图 4-2-10（a）所示图形取点、打断，结果如图 4-2-10（b）所示。

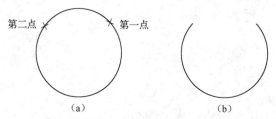

第二点 ×　　　　　　× 第一点

(a)　　　　　　　　　　(b)

图 4-2-10　打断对象

操作如下：

（1）从"修改"菜单选择"打断"命令或单击"修改"工具栏中的"打断"按钮 □。

（2）选择要打断的对象。

命令行提示：

命令：_break

选择对象：　//选择圆

指定第二个打断点 或［第一点（F）］：　//结果如图 4-2-10（b）所示

例如：将图 4-2-11（a）所示图形取点、打断，结果如图 4-2-11（b）所示。

命令：_break

选择对象：　//在点取选择对象处选择圆

指定第二个打断点 或 [第一点(F)]：f　//选择参数 F
指定第一个打断点：//选择第一点
指定第二个打断点：//选择第二点
指定第二个打断点 或 [第一点(F)]：↙　//结果如图 4-2-11(b)所示

图 4-2-11　使用 F 参数打断

⚡ **提示**：利用打断 BREAK 命令删除对象的一部分。可以打断直线、圆、圆弧、多段线、椭圆、样条曲线、参照线和射线。打断对象时，既可以先在第一个打断点选择对象，然后指定第二个打断点，也可以先选择整个对象，然后指定两个打断点。

在默认情况下，在对象上选择的点将成为第一个打断点。要选择另外的点作为第一个打断点，请输入 f（第一个）然后指定新的点。

5. 分解

利用"分解"命令，可以将块、尺寸标注、多段线等分解为它的组成对象。其命令的调用有以下三种方法：

(1) 菜单：选择"修改"──→"分解"命令。

(2) 单击"修改"工具栏中的"分解"按钮回。

(3) 命令：EXPLODE。

⚡ **提示**：分解对象是把单个的对象转换成它们下一个层次的组成对象，但有时看不出对象有什么变化。例如，分解多段线、矩形、圆环和多边形将把它们转换成多个简单的直线和圆弧。另外，分解对象将把块参照或关联标注替换成组成块或标注的简单对象。编组将分解为它们的成员对象或成为其他编组对象。

一个被分解的对象看起来与原有对象没有任何不同，但其颜色、线型和线宽可能改变。分解多段线时，AutoCAD 将清除关联的宽度信息。生成的直线和圆弧将遵循多段线的点画线设置。如果分解包含多段线的块，则需要单独分解多段线。然而，一个没有按统一比例缩放的块可在插入时被分解。如果分解一个圆环，它的宽度将变为 0。

用不相等的 X、Y 和 Z 比例因子插入的块可能会产生不可预料的结果。不能分解外部参照和它们依赖的块。如果分解具有属性的块，属性将被清除，但创建它们的属性定义仍会被保留。属性值和任何通过 ATTEDIT。

🗡 **任务实施**

绘制图 4-2-1 所示手柄零件图的操作步骤如下：

(1) 根据基本二维绘制圆和直线的命令绘制手柄部分图形，如图 4-2-12 (a) 所示。

(2) 通过"偏移"命令🔹完成辅助线偏移 20 的操作，如图 4-2-12 (b) 所示。

（3）利用"圆"命令中的"相切–相切–半径"选项绘制 R70 的圆，从点 A 绘制 R15 圆再利用"偏移"命令 偏移 15 绘制圆弧，交于点 B，以点 B 为圆心，R15 为半径绘制圆，如图 4-2-12（c）所示。

（4）利用"修剪"命令 和"镜像"命令 完成手柄的绘制，如图 4-2-12（d）所示。

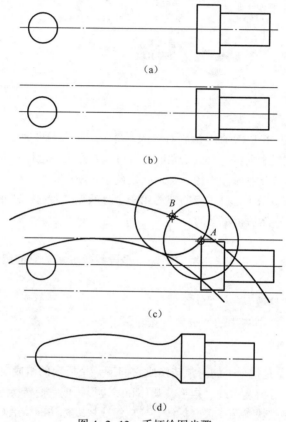

（a）

（b）

（c）

（d）

图 4-2-12　手柄绘图步骤

# 项 目 训 练

1. 阵列图形。步骤提示如下：

（1）将图 4-3-1（a）所示矩形以对角线交点为基准等比缩放 0.6 倍。

（2）将缩放后的矩形阵列成图 4-3-1（b）所示形状，行数为 4，行间距为 25，列数为 4，列间距为 30，整个图形与水平方向的夹角为 45°。

2. 阵列图形。步骤提示如下：

（1）绘制一个边长为 100 的正 16 边形。

（2）将正 16 边形的各顶点连线，环形阵列完成后如图 4-3-2 所示。

3. 阵列图形。步骤提示如下：

将 200×165 矩形按图 4-3-3（a）所示样式进行圆角和倒角，然后通过编辑生成图 4-3-3（b）所示样式。

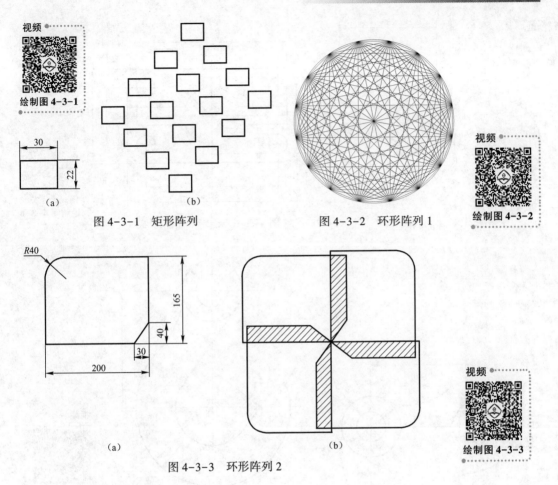

图 4-3-1　矩形阵列

图 4-3-2　环形阵列 1

图 4-3-3　环形阵列 2

4. 阵列图形。步骤提示如下：

（1）将图 4-3-4（a）中的矩形以对角线交点为中心旋转 90°。

（2）阵列中心为圆心，阵列后矩形个数为 8，角度为 270°完成后如图 4-3-4（b）所示。

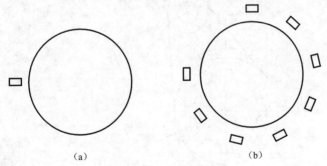

图 4-3-4　环形阵列 3

5. 将图 4-3-5（a）所示圆，通过编辑完成一组菱形圆，绘制成菱形，调整整个图形的宽度，完成后如图 4-3-5（b）所示。

6. 按照给定尺寸完成图 4-3-6～图 4-3-10 所示图形的绘制。

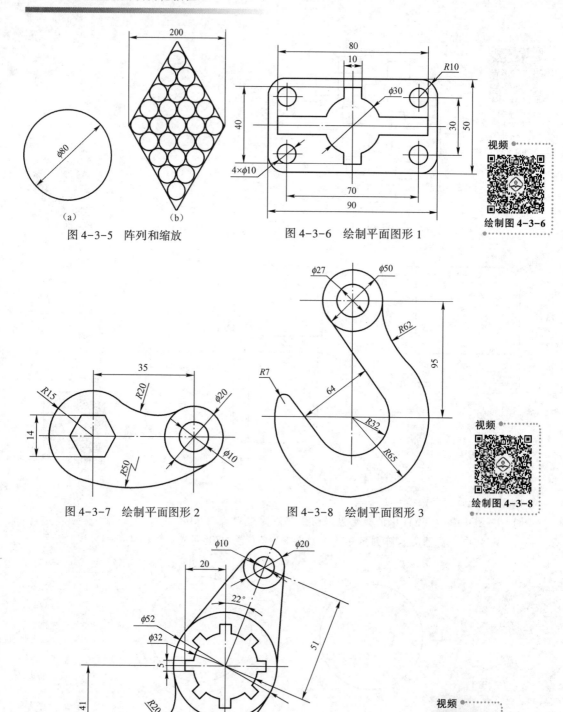

图 4-3-5 阵列和缩放

图 4-3-6 绘制平面图形 1

视频
绘制图 4-3-6

图 4-3-7 绘制平面图形 2

图 4-3-8 绘制平面图形 3

视频
绘制图 4-3-8

图 4-3-9 绘制平面图形 4

视频
绘制图 4-3-9

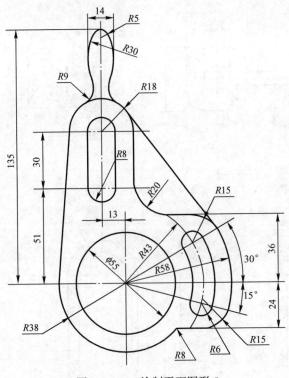

图 4-3-10　绘制平面图形 5

7. 绘制如图 4-3-11 所示平面图形。

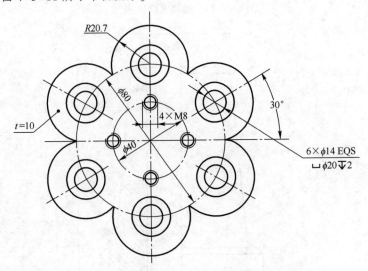

图 4-3-11　绘制平面图形

8. 绘制如图 4-3-12 所示的零件两视图。

9. 绘制如图 4-3-13 所示的叉架的视图。

10. 绘制如图 4-3-14 所示底座的视图。

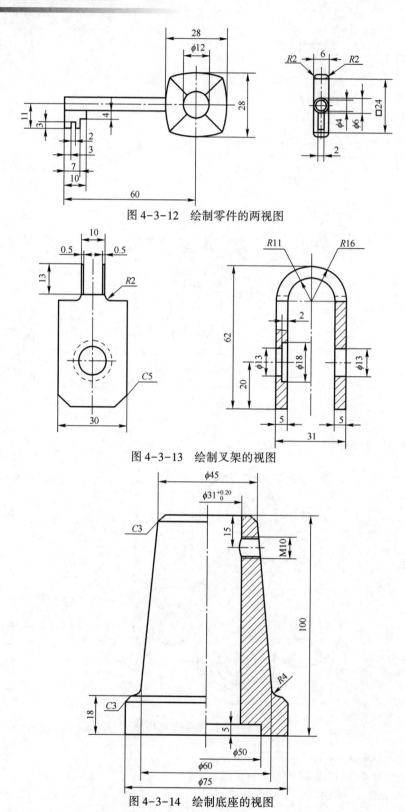

图 4-3-12　绘制零件的两视图

图 4-3-13　绘制叉架的视图

图 4-3-14　绘制底座的视图

11. 绘制如图 4-3-15 所示的平面图形。

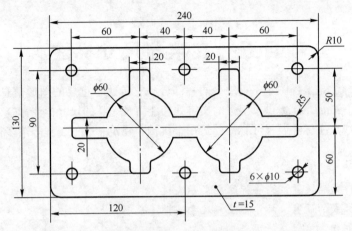

图 4-3-15 绘制平面图形

12. 绘制如图 4-3-16 所示拨叉的视图

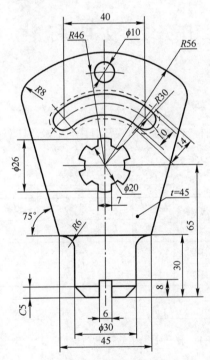

图 4-3-16 绘制拨叉的视图

# 项目五　文字与尺寸标注

文字及尺寸标注是工程图中不可缺少的一部分，它传达了重要的图形信息，是零件制造、装配的重要依据。AutoCAD 提供了很强的文字处理能力及完整的尺寸标注命令，可以帮助用户按照设计要求完成文字标注及尺寸标注，适用于机械、建筑、电气工程等诸多行业。

学习目标

◇ 学会文字样式的设置、文字标注、文字编辑。
◇ 学会尺寸样式的设置、尺寸标注、尺寸编辑。
◇ 学会块的创建、编辑与使用。
◇ 掌握尺寸公差和几何公差的标注方法。
◇ 掌握多重引线样式的设置和应用。

# 任务 1　文 字 标 注

**任务引入**

绘制图 5-1-1 所示标题栏，并填写文字。

要求：创建符合机械制图标准的文字样式，其中"图名""校名"为 10 号字，"班级"及其他的字高均为 5 号字。

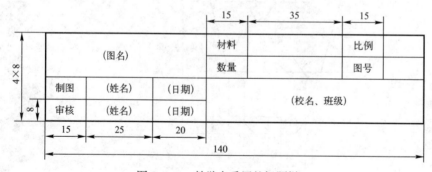

图 5-1-1　教学中采用的标题栏

视频

绘制图 5-1-1

**相关知识**

文字是工程图样中不可缺少的一部分。为了完整地表达设计思想，除了正确地用图形表达物体的形状、结构外，还要在图样中标注尺寸、注写技术要求、填写标题栏等，这些内容都要注写文字或数字。AutoCAD 提供了很强的文字处理功能，例如文本输入、编辑、自定义样式等，使工程图样中的文字清晰、美观。

## 一、设置文字样式

在图形中书写文字时，首先要确定采用的字体文件、字符的高宽比及放置方式。这些参数的组合称为样式。AutoCAD 默认的文字样式名为 STANDARD，用户可以建立多个文字样式，只能选择其中一个为当前样式（汉字和字符，应分别建立文字样式和字体），且样式名与字体要一一对应。

文字样式命令的调用有以下四种方法：

（1）菜单：选择"格式"——➤"文字样式"命令。

（2）单击"样式"工具栏中的"文字样式"  按钮。

（3）单击"文字"工具栏中的"文字样式" 按钮。

（4）命令：DDStyle 或 Style。

文字样式对话框如图 5-1-2 所示。

图 5-1-2 "文字样式"对话框

（1）"样式"选项组。"样式"列表框中列有当前已定义的文字样式，用户可从中选择对应的样式作为当前样式或进行样式修改。默认文字样式为 Standard，当在 AutoCAD 中标注文字时，如果系统提供的文字样式不能满足国家制图标准或用户的要求，则应首先定义文字样式。

（2）"字体"选项组。在"字体"选项组中，用户可以设置文字样式使用的字体和高度等属性。文字分两大类，一类是 AutoCAD 提供的绘图专用字体，称为 shx 字体。在"shx 字体"下拉列表框中，列出了当前系统中可用的字体。另外，系统提供了符合中国国家标准的大字体工程汉字字体（例如 gbcbig.shx）。但是只有在"字体名"下拉列表框中选择了 shx 字体时，系统才允许使用大字体。大字体，通常是指亚洲文字字体，例如中文、日文、韩文等。根据国家标准规定，工程图中应使用长仿宋体。在系统提供的字库中，选择"长仿宋"字体

（gbcbig. shx）及对应的两个字库（gbenor. shx 和 gbeitc. shx），以符合国家标准。若选择不恰当的字体，一些文字和符号在显示时可能出现"?"符号。

⚡ **提示**：字体高度，一般设置为 0，在使用 TEXT 命令时，系统要求输入字体高度。如果设置了高度，则系统按此高度标注文字，而不再提示指定高度信息。

（3）"效果"选项组。在"效果"选项组中，用户可以设置文字显示效果。"颠倒"复选框用来设置是否将文字颠倒过来书写；"反向"复选框用于设置是否将文字反向标注；"垂直"复选框用于设置是否将文字垂直标注，但垂直效果对汉字无效；"宽度因子"文本框用于设置文字字符的高度和宽度之比；"倾斜角度"文本框用于设置文字的倾斜角度。

（4）"大小"选项组。在"大小"选项组中，用户可以指定文字的高度。

"文字样式"对话框中的"置为当前"按钮用于将选定的样式设为当前样式；"新建"按钮用于创建新样式；"应用"按钮用于确认用户对文字样式的设置。单击"确定"按钮，AutoCAD 关闭"文字样式"对话框。

注意：单行文字和多行文字使用的文字样式，用户可以在对象"特性"选项面板的"文字"栏中对其进行修改。

## 二、文本标注

文字样式设置完成后，可以通过多行文字（Mtext 或 MT）、单行文字（Text 或 T）等命令完成文本标注。

1. 单行文字标注

命令的调用有以下三种方法：

（1）菜单：选择"绘图" → "文字" → "单行文字"命令。

（2）单击"文字"工具栏中的"单行文字" Aᵢ 按钮。

（3）命令：Text、T 或 DText、DT。

Text 和 Dtext 命令的功能基本相同。执行命令后，命令行提示信息如下：

命令:_dtext
当前文字样式："Standard" 文字高度: 2.5000 注释性: 否
指定文字的起点或[对正(J)/样式(S)]: //确定文字在图形中的位置或设置文本的对正方式、
　　　　　　　　　　　　　　　　　　更改当前文字样式
指定高度<2.5000>: //设置文字高度,尖括号内为默认高度
指定文字的旋转角度<0>: //设置文字旋转角度,尖括号内为默认角度

命令行各项含义如下：

① "对正（J）"选项：选择此选项，可以设置文字的排列方式，此时命令行提示如下：

"输入选项[对齐(A)/调整(F)/中心(C)/中间(M)/右(R)/左上(TL)/中上(TC)/右上(TR)/左中(ML)/正中(C)/右中(MR)/左下(BL)/中下(BC)/右下(BR)]:"信息,缺省设置为"左下(BL)"

② "样式（S）"选项：选择此选项时，命令行提示：

"输入样式名或[?]<Standard>:"

用户可以直接输入文字样式的名称，也可输入"?"，这时将打开"AutoCAD 文本"窗口，并显示当前图形已有的文字样式。

2. 多行文字标注

多行文字又称为段落文字，是一种更易于管理的文字对象，它可以由两行以上的文字组成，而且各行文字都作为一个整体处理。在机械制图中，常使用多行文字来创建较为复杂的文字说明，例如图样的技术要求。

命令的调用有以下四种方法：

（1）菜单：选择"绘图"→"文字"→"多行文字"命令。

（2）单击"文字"工具栏中的"多行文字" $\boxed{\mathrm{A}}$ 按钮。

（3）单击"绘图"工具栏中的"多行文字" $\boxed{\mathrm{A}}$ 按钮。

（4）命令：MText、MT。

执行"多行文字"命令后，命令行提示如下：

命令：_mtext 当前文字样式："Standard" 文字高度：2.5 注释性：否

指定第一角点：//输入坐标值或用鼠标在屏幕内指定一点

指定对角点或 [高度(H)/对正(J)/行距(L)/旋转(R)/样式(S)/宽度(W)/栏(C)]：
　　　　　　　//确定对角点位置或选择其他参数，参数意义同单行文字标注

参数确定后，即可在图 5-1-3 所示的文字输入区域中输入文字。

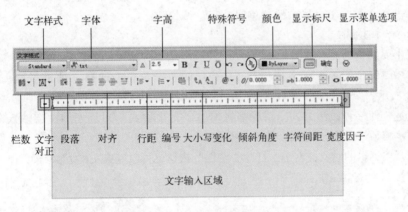

图 5-1-3　多行文本输入窗口

⚡提示：单击图 5-1-3 所示的"堆叠"按钮 ，可以创建堆叠文字（堆叠文字是一种垂直对齐的文字或分数）。在使用时，需要分别输入分子和分母，中间使用"/""#"或"^"符号进行分隔，然后选择这一部分文字，单击"堆叠"按钮即可。

● "/"以垂直方式堆叠文字，由水平线分隔。例如输入"H7/C6"，可堆叠为$\dfrac{\mathrm{H7}}{\mathrm{C6}}$。

● "^"可堆叠为上下的形式，不用直线分隔。例如输入"+0.03^-0.02"，可堆叠为$^{+0.03}_{-0.02}$。

● "#"以对角形式堆叠文字，由对角线分隔。例如输入"2#3"，可堆叠为"2/3"。

特殊符号中可输入度数、正/负、直径等符号。

3. 特殊字符

在实际绘图中，往往需要标注一些特殊的符号，例如，标注"°（度）""±""φ"等符号。由于这些特殊符号不能从键盘上直接输入，因此，AutoCAD 提供了相应的控制符，以实现这些标注要求。常用的控制符如表 5-1-1 所示。

表 5-1-1　AutoCAD 常用的标注控制符

| 名　称 | 符　号 | 控制符 | 名　称 | 符　号 | 控制符 |
|---|---|---|---|---|---|
| 直径 | $\phi$ | %%c | 上画线 | — | %%o |
| 角度 | ° | %%d | 下画线 | — | %%u |
| 正负号 | ± | %%p | ASCII 码 | | |
| 百分号 | % | %%% | | | |

例如：输入"$\phi 90^{+0.03}_{-0.02}$""$30°$""$25±0.02$"。

在多行文本输入窗口中输入"%%c90+0.03^-0.02"，选择"+0.03^-0.02"文本，单击"堆叠"按钮 ，可显示为 $\phi 90^{+0.03}_{-0.02}$；输入"30%%d"，可显示为30°；输入"25%%p0.02"，可显示为25±0.02。

## 三、编辑文字

在工程图样中，常常需要对已经标注的文字进行编辑和修改。文本编辑包括修改文本内容和编辑文本特性两个方面。文本编辑命令的调用有以下六种方法：

（1）菜单：选择"修改"→"对象"→"文字"→"编辑"命令。

（2）单击"文字"工具栏中的"编辑文字"按钮 。

（3）命令：DDEdit。

（4）双击要编辑的对象。

（5）选中要编辑的多行文字，右击，在弹出的快捷菜单中选择"编辑多行文字"命令，如图 5-1-4 所示。

采用上述任何一种激活方式，系统都将弹出"文字格式"对话框和文字输入窗口，用户可以进行文本修改、编辑、查找、替换等操作。

（6）选择要编辑的对象，右击，打开"特性"窗口也可以完成文本编辑，如图 5-1-5 所示。

图 5-1-4　"编辑多行文字"快捷菜单

图 5-1-5　"特性"窗口

**任务实施**

绘制图 5-1-1 所示标题栏的方法有如下两种。

方法一：用绘图方法创建标题栏

**1. 绘制标题栏的边框**

利用"直线""偏移""修剪"命令绘制标题栏边框，如图 5-1-6 所示。

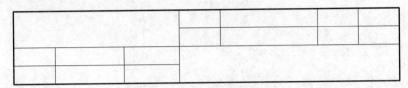

图 5-1-6　绘制标题栏边框

**2. 创建文字样式**

（1）选择"格式"→"文字样式"命令，打开"文字样式"对话框，单击"新建"按钮，弹出"新建文字样式"对话框，如图 5-1-7 所示。在"样式名"文本框中输入"工程字"后单击"确定"按钮。

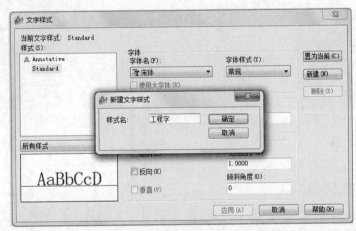

图 5-1-7　新建"工程字"文字样式

（2）在"文字样式"对话框中进行图 5-1-8 所示设置。设置完成后单击"应用"按钮。

（3）输入文字，并根据要求设置文字高度，调整文字位置。

方法二：用表格创建标题栏

（1）创建文字样式，参考方法一，设置参数如图 5-1-7 和图 5-1-8 所示。

（2）选择"格式"→"表格样式"命令，打开"表格样式"对话框，如图 5-1-9 所示。单击"新建"按钮，打开"创建新的表格样式"对话框，如图 5-1-10 所示。在"新样式名"文本框中输入"标题栏"，单击"继续"按钮，在打开的"新建表格样式：标题栏"对话框中设置"单元样式"为"数据"，在"单元样式"选项组的"常规"选项卡中设置"对齐方式"为"正中"；在"页边距"选项组中设置"水平"和"垂直"为"1"，结果如图 5-1-11 所示。

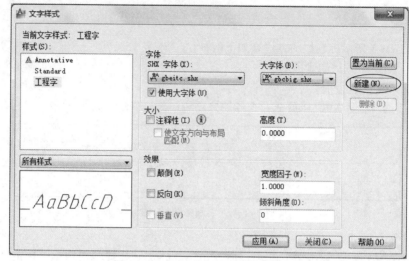

图 5-1-8 "工程字"文字样式设置

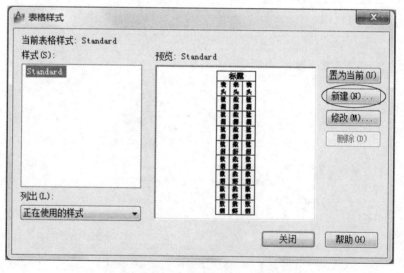

图 5-1-9 "表格样式"对话框

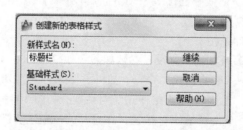

图 5-1-10 "创建新的表格样式"对话框

（3）选择"单元样式"选项组中的"文字"选项卡，设置"文字样式"为"工程字"，"文字高度"为"5"，"文字颜色"为 Bylayer，结果如图 5-1-12 所示。

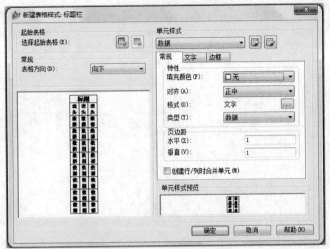

图 5-1-11 "常规"选项卡

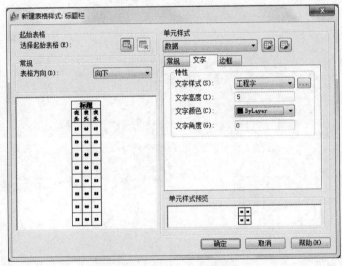

图 5-1-12 "文字"选项卡

（4）选择"单元样式"选项组中的"边框"选项卡，在"线宽"下拉列表框中选择"0.35 mm"选项，单击"外边框"按钮；再选择"0.13 mm"选项，单击"内边框"按钮。设置"线型"为 Continuous，单击"所有边框"按钮；设置颜色为"黑"，单击"所有边框"按钮，参数设置如图 5-1-13 所示。单击"确定"按钮，返回"表格样式"对话框。单击"关闭"按钮，完成表格样式的设置。

（5）选择"绘图"→"表格"命令或单击"绘图"工具栏中的"表格"按钮，打开"插入表格"对话框，设置"列数"为"7"，"列宽"为"15"；"数据行数"为"2"，"行高"为"1"；"第一行单元样式""第二行单元样式""所有其他行单元样式"均设置为"数据"，如图 5-1-14 所示。单击"确定"按钮，在绘图窗口中单击，确定表格的插入点，如图 5-1-15 所示。单击"文字格式"工具栏中的"确定"按钮，表格显示如图 5-1-16 所示。

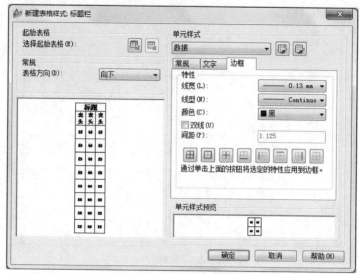

图 5-1-13 "边框"选项卡

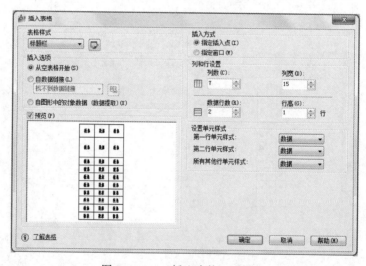

图 5-1-14 "插入表格"对话框

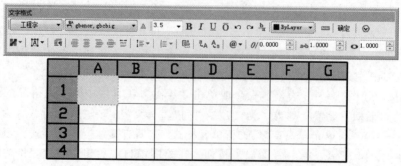

图 5-1-15 绘制的表格及"文字格式"工具栏

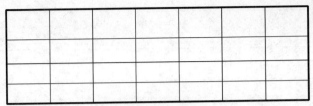

图 5-1-16 表格

（6）调整行高和列宽。选择第一列单元格，如图 5-1-17 所示，单击"标准"工具栏中的"特性"按钮 或选择"修改"菜单中的"特性"命令，在"特性"窗口中的"单元高度"文本框中输入"8"，如图 5-1-18 所示。选择第二列单元格，在"特性"窗口中的"单元宽度"文本框中输入"25"，如图 5-1-19 所示。用同样的方法分别调整第三列、第五列的单元格的宽度为"20"和"35"。

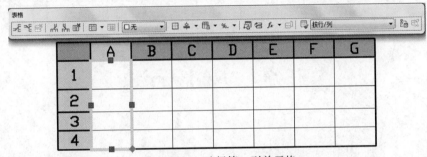

图 5-1-17 选择第一列单元格

图 5-1-18 设置"单元高度"

图 5-1-19 设置"单元宽度"

（7）合并单元格，选中表格左上角的 6 个单元格，如图 5-1-20 所示。单击"表格"工具栏中的"合并单元"按钮 ，在弹出的下拉菜单中选择"全部"命令。用同样的方法合并右下角的 8 个单元格。按【Esc】键退出表格编辑状态。修改后的表格如图 5-1-21 所示。

（8）双击单元格，输入相应的文字。其中设置"图名""校名""班级"的字高为"5"，文字高度可在"文字格式"工具栏中修改。

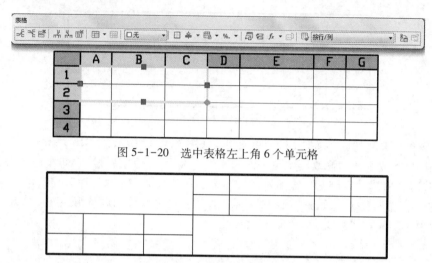

图 5-1-20　选中表格左上角 6 个单元格

图 5-1-21　修改后的表格

# 任务 2　尺　寸　标　注

## 任务引入

绘制图 5-2-1 所示图形，并完成尺寸标注，文字标注。

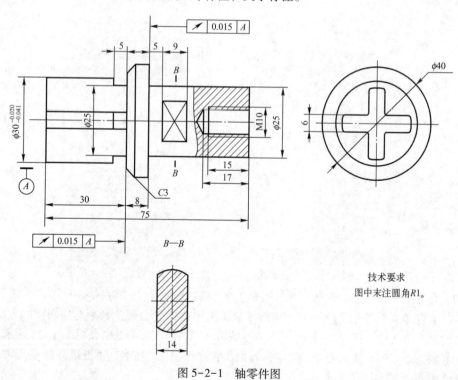

技术要求
图中末注圆角 R1。

图 5-2-1　轴零件图

相关知识

在绘图设计中，尺寸标注是设计工作中的一项重要内容，因为绘制的图形仅仅反映对象的形状，并不能完整表达清楚图形的设计意图，而图形中各个对象的真实大小和相互位置只有通过尺寸标注后才能确定。

## 一、尺寸标注的组成、类型与标注命令调用方法

### 1. 尺寸标注的组成

在机械制图或其他工程绘图中，一个完整的尺寸标注应由尺寸数字、尺寸线、尺寸界线、尺寸箭头等组成，如图 5-2-2 所示。

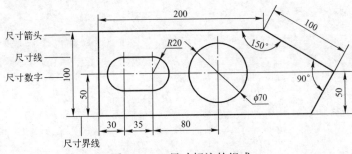

图 5-2-2　尺寸标注的组成

（1）尺寸数字。尺寸数字用来标记尺寸的具体值。尺寸数字可以只反映公称尺寸，可以注有尺寸公差。

（2）尺寸线。尺寸线用来表示尺寸标注的范围。一般是一条带有双箭头或单箭头的线段。对于角度标注，尺寸线为弧线。

（3）尺寸界线。为了标注清晰，通常用尺寸界线将标注的尺寸引出被标注对象之外。有时也用对象的轮廓线或中心线代替尺寸界线。

（4）尺寸箭头。尺寸箭头位于尺寸线的两端，用于标记标注的起始、终止位置。"箭头"是一个广义的概念，也可以用短画线、点或其他标记代替尺寸箭头。

### 2. 尺寸标注的类型

尺寸标注包括角度、直径、半径、线性、对齐、连续、圆心及基线等标注，如图 5-2-3 所示。

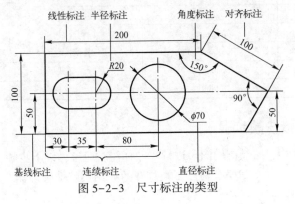

图 5-2-3　尺寸标注的类型

3. 尺寸标注命令的调用方法

（1）利用"标注"菜单或"标注"工具栏调用尺寸标注命令，如图 5-2-4 所示。

图 5-2-4 "标注"工具栏与"标注"菜单

（2）尺寸标注的类型及命令如表 5-2-1 所示。

表 5-2-1 标注的类型及命令一览表

| 标注类型 | 命 令 | 标注类型 | 命 令 |
|---|---|---|---|
| 线 性 | dimlinear | 基 线 | dimbaseline |
| 对 齐 | dimaligned | 连 续 | dimcontinue |
| 弧 长 | dimarc | 快速引线 | qleader |
| 坐 标 | dimordinate | 公 差 | tolerance |
| 半 径 | dimradius | 圆心标记 | dimcenter |
| 折 弯 | dimjogged | 编辑标注 | dimedit |
| 直 径 | dimdiameter | 编辑标注文字 | dimtedit |
| 角 度 | dimangular | 标注样式 | dimstyle |
| 快速标注 | qdim | | |

## 二、创建尺寸标注的步骤

在 AutoCAD 2012 中，对绘制的图形进行尺寸标注时应遵循以下步骤：

（1）选择"格式"→"图层"命令，在打开的"图层特性管理器"对话框中创建一个独立的图层，用于尺寸标注。

（2）选择"格式"→"文字样式"命令，在打开的"文字样式"对话框中创建一种文字样式，用于尺寸标注。

（3）选择"格式"→"标注样式"命令，在打开的"标注样式管理器"对话框中设置标注样式。

（4）使用对象捕捉和标注等功能，对图形中的元素进行标注。

## 三、创建与设置标注样式

1. 标注样式管理器调用方法

（1）菜单：选择"格式"或"标注"→"标注样式"命令。

（2）单击"标注"或"样式"工具栏中的"标注样式"按钮 。

（3）命令：dimstyle。

2. 设置标注样式

在"标注样式管理器"对话框（见图 5-2-5）中，单击"新建"按钮，AutoCAD 将打开"创建新标注样式"对话框，利用对话框即可新建标注样式，如图 5-2-6 所示。

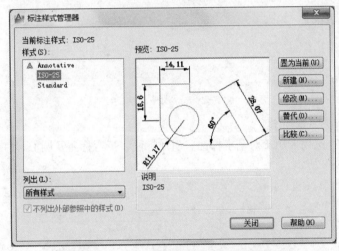

图 5-2-5　"标注样式管理器"对话框

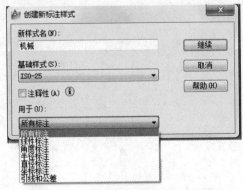

图 5-2-6　"创建新标注样式"对话框

　　"新样式名""基础样式""用于"设置完成后，单击对话框中的"继续"按钮，将打开"新建标注样式"对话框，利用该对话框，用户可对已新建的标注样式进行具体设置。

　　1)"线"选项卡

　　"线"选项卡用于设置尺寸标注的"尺寸线""尺寸界线"的格式和位置，如图 5-2-7 所示。

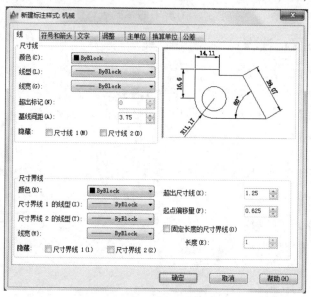

图 5-2-7　"线"选项卡

　　2)"符号和箭头"选项卡

　　"符号和箭头"选项卡用于对基本标注、引线标注、折弯标注及圆心标注的箭头注符号进行设置，如图 5-2-8 所示。

图 5-2-8　"符号和箭头"选项卡

（1）设置箭头。在"箭头"选项组中，用户可以设置尺寸线和引线箭头的类型及尺寸大小等。"箭头"类型选项如图 5-2-9 所示。通常情况下，尺寸线的两个箭头应一致。

（2）设置弧长符号标注样式和半径标注折弯角度，效果如图 5-2-10 所示。

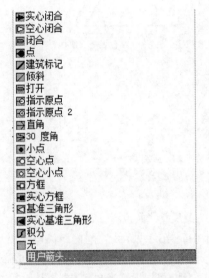

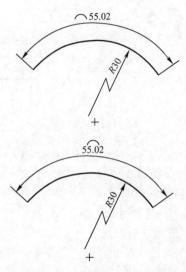

图 5-2-9　"箭头"类型选项　　　　　　图 5-2-10　弧长和半径标注效果

### 3）"文字"选项卡

"文字"选项卡用于设置标注文字的外观、位置和对齐方式，如图 5-2-11 所示。

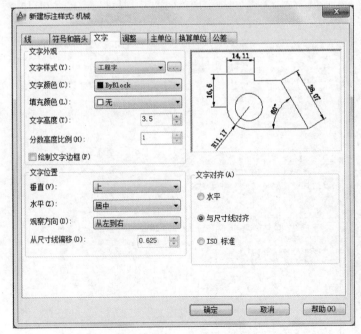

图 5-2-11　"文字"选项卡

标注文字对齐及位置设置效果如图 5-2-12 所示。

（a）ISO标准对齐方式　文字位置重直向上　　　（b）水平对齐方式　文字位置垂直置中

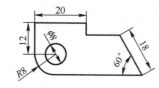

（c）与尺寸线对齐方式　标注文字水平位于第一条尺寸线上方

图 5-2-12　文字对齐及文字位置效果

4）"调整"选项卡

"调整"选项卡用于设置标注文字、尺寸线、尺寸箭头及尺寸线的位置，如图 5-2-13 所示。

（1）"调整选项"选项组。在"调整选项"选项组中，当尺寸界线之间的距离够大时，标注文字和箭头放在尺寸界线之间；如果不够大时，将按选项中的具体设置来调整文字和箭头。

（2）"文字位置"选项组。在"文字位置"选项组中，用户可以设置当文字不在默认时的位置。

（3）"标注特征比例"选项组。选中"使用全局比例"单选按钮，用于设置全局比例因子。调整该值将影响文字字高、箭头尺寸等标注特性，不影响标注测量值。比例因子默认值为1，其值越大，则标注比例越大。

（4）"优化"选项组。在"优化"选项组中，用户可以对标注尺寸和尺寸线进行细微调整，如图 5-2-14 所示。

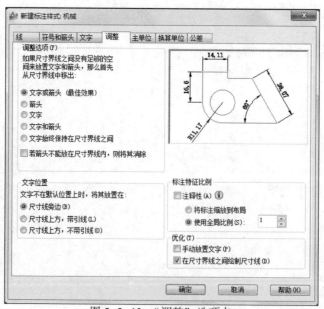

图 5-2-13　"调整"选项卡

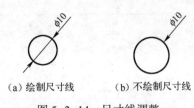

（a）绘制尺寸线 　　（b）不绘制尺寸线

图 5-2-14　尺寸线调整

5）"主单位"选项卡

"主单位"选项卡用于设置主单位的格式与精度，以及标注文字的前缀和后缀等属性，如图 5-2-15 所示。

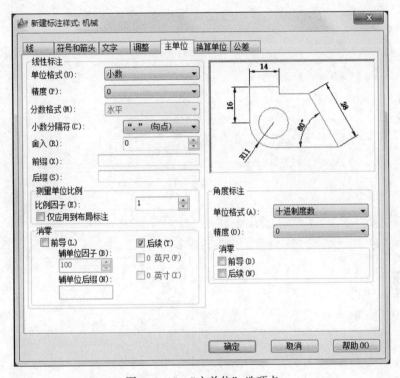

图 5-2-15　"主单位"选项卡

6）"换算单位"选项卡

"换算单位"选项卡用于设置替代单位的格式和精度。该选项卡需要用户首先选择是否显示换算单位，它大多数选项与"主单位"选项卡相同，如图 5-2-16 所示。换算后结果的位置可以置于公称尺寸之后（主值后）或公称尺寸下方（主值下）。

7）"公差"选项组

"公差"选项组用于设置尺寸标注中的公差格式及显示方式，如图 5-2-17 所示。

在新建或修改标注样式时，最好不要设置公差。公差标注常使用"特性"窗口或用"多行文字"编辑命令。

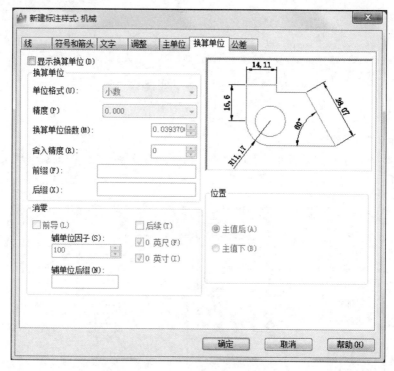

图 5-2-16 "换算单位"选项卡

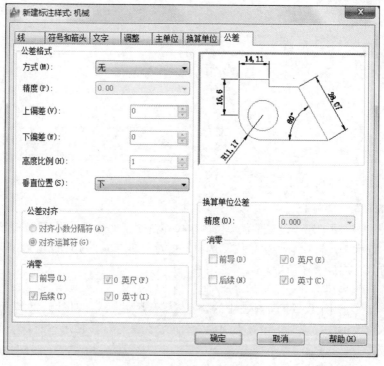

图 5-2-17 "公差"选项卡

## 四、尺寸标注

### 1. 线性标注

线性标注用于标注图形中两点之间的长度，这些点可以是端点、交点、圆弧弦线端点或用户能够识别的任意两个点。

执行"线性标注"命令后，命令行提示：

命令：_dimlinear
指定第一个尺寸界线原点或＜选择对象＞：

在此提示下有两种选择：

（1）按【Enter】键，系统提示：

选择标注对象：

（2）选择一点作为尺寸界限的起始点，系统提示：

指定第二条尺寸界线原点：

在确定两条尺寸界线的起点后，系统继续提示用户：

指定尺寸线位置或［多行文字(M)/文字(T)/角度(A)/水平(H)/垂直(V)/旋转(R)］：

默认情况下，当用户指定了尺寸界线的位置后，系统将按自动测量出的两个尺寸界线起始点间的相应距离标注出尺寸。其他各项的功能如下：

① "多行文字（M）"：选择该选项，将进入多行文字编辑模式，用户可以使用"文字格式"对话框输入并设置标注文字。

② "文字（T）"：可以用单行文字的形式输入标注文字，此时显示"输入标注文字<30>:"提示信息，要求用户输入标注文字。

③ "角度（A）"：用于设置标注文字的旋转角度。

④ "水平（H）"：用于标注水平型尺寸。

⑤ "垂直（V）"：用于标注垂直型尺寸。

⑥ "旋转（R）"：用于旋转标注对象的尺寸线。

标注效果如图 5-2-18 所示。

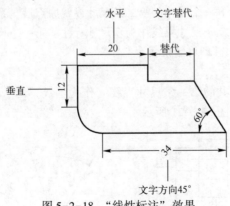

图 5-2-18　"线性标注"效果

说明：用户选择"多行文字（M）"选项时，打开文本输入窗口，该窗口中有一个"＜＞"符号，它表示 AutoCAD 自动测量值，用户可以在其前后添加文字，也可以删除测量值。

2. 对齐标注

对齐标注可对斜线或斜面进行尺寸标注，其效果如图 5-2-19 所示。

图 5-2-19 "对齐标注"效果

执行"对齐标注"命令后，命令行提示：

命令：_dimaligned
指定第一个尺寸界线原点或<选择对象>：

在此提示下，可以按【Enter】键选择标注对象，也可以指定两尺寸界线的原点，有关操作与"线性标注"命令相同。

由此可见，对齐标注是线性标注的一种特殊形式，在对直线段标注时，如果该直线的倾斜角度未知，那么使用线性标注方法将无法得到准确的测量结果，这时就可以使用对齐标注。

3. 连续标注

连续标注用于标注尺寸线连续或链状的一组线性尺寸或角度尺寸，如图 5-2-20 所示。

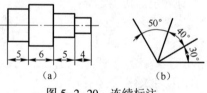

图 5-2-20 连续标注

在进行连续标注之前，必须先创建（或选择）一个线性、坐标或角度标注作为基准标注，以确定连续标注所需要的前一个尺寸标注的尺寸界线，然后执行"连续标注"命令，此时命令行将显示如下提示信息：

指定第二条尺寸界线原点或[放弃(U)/选择(S)]<选择>：

在该提示下，当确定了下一个尺寸的第二条尺寸界线原点后，系统按连续标注方式标注尺寸，即把上一个或选择的第二条尺寸界线作为新尺寸标注的第一条尺寸界线标注尺寸。当标注完全部尺寸后，按【Enter】键即可结束命令。

4. 基线标注

基线标注用于标注有公共的第一条尺寸界线（作为基线）的一组尺寸线互相平行的线性尺寸或角度尺寸，其效果如图 5-2-21 所示。

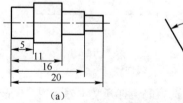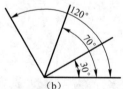

图 5-2-21 "基线标注"效果

与连续标注一样，在进行基线标注之前，也必须先创建（或选择）一个线性、坐标或角度标注作为基准标注，然后执行"基线标注"命令，此时命令行将显示如下提示信息：

指定第二条尺寸界线原点或[放弃(U)/选择(S)]<选择>：

在该提示下，用户可以直接确定下一个尺寸的第二条尺寸界线的起始点，系统将按基线标注方式标注出尺寸，直接按【Enter】键结束命令。

5. 半径标注

半径标注用于标注圆或圆弧的半径尺寸，其效果如图 5-2-22 所示。

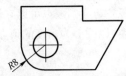

图 5-2-22　"半径标注"效果

执行"半径标注"命令，并选择要标注半径的圆弧或圆，命令行提示：

指定尺寸线位置或[多行文字(M)/文字(T)/角度(A)]：

当确定了尺寸线的位置后，系统将按实际测量值标注出圆或圆弧的半径。用户也可以利用"多行文字（M）""文字（T）"或"角度（A）"选项，确定尺寸文字或尺寸文字的旋转角度。其中，当通过"多行文字（M）"和"文字（T）"选项重新确定尺寸文字时，只有给输入的文字加前缀 R，才能使标出的半径尺寸有该符号，否则没有该符号。

6. 直径标注

直径标注用于标注圆或圆弧的直径尺寸，如图 5-2-23 所示。

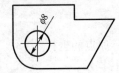

图 5-2-23　"直径标注"效果

直径标注的方法与半径标注的方法相同。其中，当通过"多行文字（M）"和"文字（T）"选项重新确定尺寸文字时，需要在尺寸文字前加直径标注符号"%% C"，才能使标出的直径尺寸有直径符号 φ。

7. 角度标注

角度标注用于标注角度型尺寸，其效果如图 5-2-24 所示。

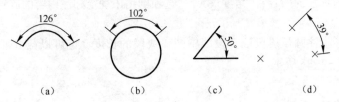

（a）　　　　　（b）　　　　　（c）　　　　　（d）

图 5-2-24　"角度标注"效果

执行"角度标注"命令后，命令行提示：

命令：_dimangular
选择圆弧、圆、直线或<指定顶点>：

在该提示下，可以选择需要标注的对象。各选项功能如下：

（1）选择圆弧，命令行提示：

指定标注弧线位置或［多行文字(M)/文字(T)/角度(A)/象限点(Q)］：

此时，如果直接确定标注圆弧的位置，系统会按实际测量值标注出角度。用户也可使用"多行文字（M）""文字（T）""角度（A）"选项，设置尺寸文字和它的旋转角度。

（2）选择圆，命令行提示：

指定角的第二个端点：

要求用户确定另一点作为角的第二端点，该点可以在圆上，也可以不在圆上，然后再确定标注引线的位置，这时，标注的角度将以圆心为角度的顶点，以所选择的两个点作为尺寸界线。

（3）选择直线，命令行提示：

选择第二条直线：

指定标注弧线位置或［多行文字(M)/文字(T)/角度(A)/象限点(Q)］：

确定标注引线的位置后，系统将自动标注出这两条直线的夹角。标注两直线夹角的标注弧的角度小于180°，平行直线不能标注。

（4）指定顶点，命令行提示：

指定角的顶点：

指定角的第一个端点：

指定角的第二个端点：

指定标注弧线位置或［多行文字(M)/文字(T)/角度(A)/象限点(Q)］：

创建基于指定三点的角度标注，首先要确定角的顶点，然后分别指定角的两个端点，最后指定标注引线的位置。

8. 坐标标注

坐标标注用于标注相对于用户坐标原点的坐标。

执行"坐标标注"命令后，命令行提示：

命令：_dimordinate
指定点坐标：
指定引线端点或[X 基准(X)/Y 基准(Y)/多行文字(M)/文字(T)/角度(A)]：

默认情况下，当指定了端点位置后，系统将在该点标注出指定点坐标。

此外，在命令行提示中，"X 基准（X）""Y 基准（Y）"选项分别用来标注指定点的 X、Y 坐标；"多行文字（M）"选项用来通过当行文本输入窗口输入标注的内容；"文字（T）"选项直接要求用户输入标注的内容；"角度（A）"选项则用于确定标注内容的旋转角度。

9. 弧长标注

弧长标注用于标注圆弧线段或多段线中圆弧线段的长度，也可以截取部分圆弧线段的长度，其效果如图 5-2-25 所示。

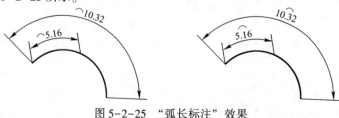

图 5-2-25 "弧长标注"效果

执行"弧长标注"命令后，命令行提示：

命令: _dimarc
选择弧线段或多段线弧线段:
指定弧长标注位置或 [多行文字 (M)/文字 (T)/角度 (A)/部分 (P)/引线 (L)]:
若为部分圆弧线段长度进行标注，则命令行提示：

选择弧线段或多段线弧线段:
指定弧长标注位置或 [多行文字 (M)/文字 (T)/角度 (A)/部分 (P)/引线 (L)]: p　　//选择部分圆弧标注
指定弧长标注的第一个点:
指定弧长标注的第二个点:
指定弧长标注位置或 [多行文字 (M)/文字 (T)/角度 (A)/部分 (P)/引线 (L)]:

为了区别于线性标注和角度标注，默认情况下，弧长标注将显示一个圆弧符号。圆弧符号显示在标注文字的上方或前方，使用"标注样式管理器"对话框可以改变位置样式。

10. 折弯标注

折弯标注是以折弯的形式标注圆和圆弧，其效果如图 5-2-26 所示。

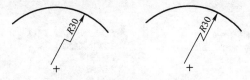

图 5-2-26 "折弯标注"效果

执行"折弯标注"命令后，命令行提示：

命令: _dimjogged
选择圆弧或圆:
指定图示中心位置:
指定尺寸线位置或 [多行文字 (M)/文字 (T)/角度 (A)]:
指定折弯位置:

折弯标注中折弯的角度可以使用"标注样式管理器"对话框调整，默认为 90°。

11. 圆心标记标注

圆心标记标注用于标注圆或圆弧的圆心。圆心标记由两条直线构成，用符号"+"表示标注的圆心。其大小可以使用"标注样式管理器"对话框的相关选项进行设置，它与被标注的对象不构成一个整体。

12. 快速标注

快速标注可以快速创建成组的基线、连续、并列和坐标标注，快速标注多个元、圆弧半径与直径及编辑现有标注布局。

执行"快速标注"命令，并选择需要标注尺寸的各图形对象后，命令行提示：

指定尺寸线位置或 [连续 (C)/并列 (S)/基线 (B)/坐标 (O)/半径 (R)/直径 (D)/基准点 (P)/编辑 (E)/设置 (T)] <连续>:

由此可见，使用该命令可以进行"连续""并列""基线""坐标""半径""直径"等一系列的标注。

13. 引线标注

引线标注用于为图形对象引出注释或说明，以明确注释与图形之间的关系。引线对象通常包含箭头、引线或曲线和多行文字对象，其效果如图 5-2-27 所示。

执行"引线标注"命令后，命令行提示：

```
命令：_qleader
指定第一个引线点或 [设置(S)] <设置>：
指定下一点：
指定下一点：
指定文字宽度 <0>：
输入注释文字的第一行 <多行文字(M)>：
```

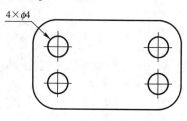

图 5-2-27 "引线标注"效果

执行"引线标注"命令后，输入 S，打开"引线设置"对话框，用户可以设置引线及注释文字的格式。

（1）"注释"选项卡：设置引线标注的注释类型，指定多行文字选项，并指明是否需要重复使用注释，如图 5-2-28 所示。

图 5-2-28 "注释"选项卡

（2）"引线和箭头"选项卡：设置引线和箭头的样式，如图 5-2-29 所示。

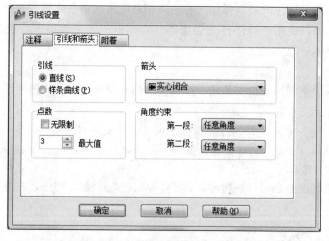

图 5-2-29 "引线和箭头"选项卡

（3）"附着"选项卡：用于设置引线和多行文字注释的附着位置，如图5-2-30所示。只有在"注释"选项卡中选中"多行文字"单选按钮时，此选项卡才可用。

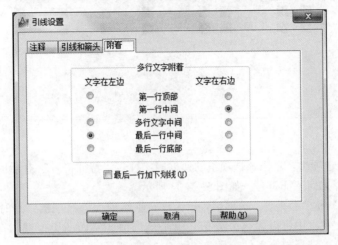

图5-2-30　"附着"选项卡

在进行引线标注时，首先要指定引线的起始点，然后在"指定下一点："提示下确定引线的下一点位置。如果在"引线设置"对话框的"引线和箭头"选项卡中设置了点数的最大值（$n$），那么系统将提示"指定下一点："的次数比最大值少1（$n-1$）；如果将点数设置成无限制，用户则可确定任意多个点。如果要结束确定点操作，按【Enter】键即可。

确定引线的端点后，如果用户在"引线设置"对话框的"附着"选项卡中确定的注释类型不同，系统给出的提示也将不同。

14. 形位公差的标注

形位公差，又称几何公差，在机械制造中极为重要。一方面，如果形位公差不能完全控制，装配件就不能正确装配；另一方面，过度吻合的形位公差又会由于额外的制造费用而造成浪费。

1）形位公差的符号表示

在AutoCAD中，通过特征控制框来显示形位公差信息，如图形的形状、轮廓、方向、位置和跳动的偏差等，如图5-2-31所示。

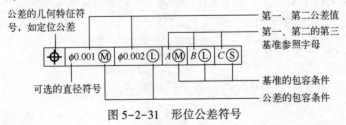

图5-2-31　形位公差符号

2）标注形位公差

执行"公差"命令后，弹出"形位公差"对话框，如图5-2-32所示。

在"形位公差"对话框中，可以设置形位公差的符号、值、基准等参数，各选项的功能如下：

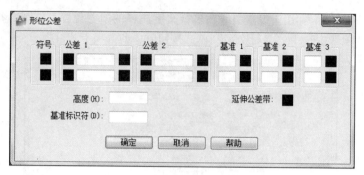

图 5-2-32 "形位公差"对话框

（1）"符号"选项组：单击该选项组的黑框■，打开"特征符号"对话框，可以为第一个或第二个公差选择几何特征符号，如图 5-2-33 所示。

（2）"公差 1"和"公差 2"选项组：单击该选项组前面的黑框■，这时将插入一个直径符号；在中间的文本框中可以输入公差值；单击该选项区后面的黑框■，打开"附加符号"对话框，可以为公差选择包容条件符号，如图 5-2-34 所示。

图 5-2-33 "特征符号"对话框

图 5-2-34 "附加符号"对话框

（3）"基准 1""基准 2""基准 3"选项组：用于设置公差基准和相应的包容条件。

（4）"高度"文本框：用于设置投影公差带的值。投影公差带控制固定垂直部分延伸区的高度变化，并以位置公差控制公差精度。

（5）"延伸公差带"框：单击"延伸公差带"黑框■，可在延伸公差带值的后面插入延伸公差带符号 P。

（6）"基准标识符"文本框：用于创建由参考字母组成的基本标识符号。

例如：使用"引线标注"命令完成图 5-2-35 所示的标注。

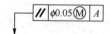

图 5-2-35 "形位公差"标注示例

操作步骤：

（1）确定引线。执行"引线"命令后，系统提示如下：

指定第一个引线点或［设置(S)］＜设置＞:s //设置如图 5-2-36 所示
指定第一个引线点或［设置(S)］＜设置＞:
指定下一点:
指定下一点:

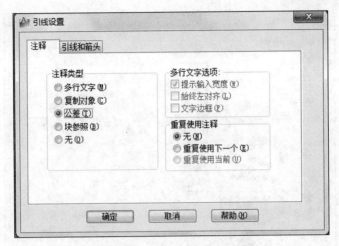

图 5-2-36　"注释"选项卡设置

（2）输入公差及基准，如图 5-2-37 所示。

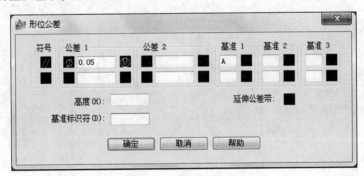

图 5-2-37　"形位公差"设置

## 五、修改标注

在尺寸标注的过程中会有一些标注格式不能满足用户的要求，或者需要为标注添加前缀和公差等内容，因此修改标注在工程图样的绘制中是十分重要的内容。修改标注样式或单个标注可以完成标注的修改。

1. 修改标注样式

修改标注样式与新建标注样式的操作方法相似，适用于对大量的、相同类型标注的同时修改。在图 5-2-38 所示的"标注样式管理器"对话框中，选中要修改的标注样式后单击"修改"按钮，会弹出图 5-2-39 所示的"修改标注样式"对话框，修改方法同上，此处不再详细叙述。

2. 修改单个标注

单个标注的修改通常可以使用下面几种方法实现：

（1）选择需要标注的对象，右击，在弹出的快捷菜单中选择"特性"命令。"特性"窗口中几乎包含了新建或修改标注样式中的全部内容，如图 5-2-40 所示。

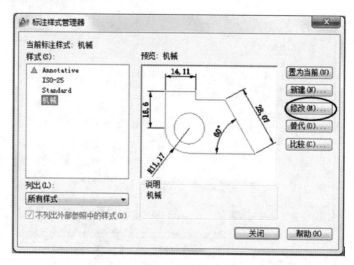

图 5-2-38　标注样式修改

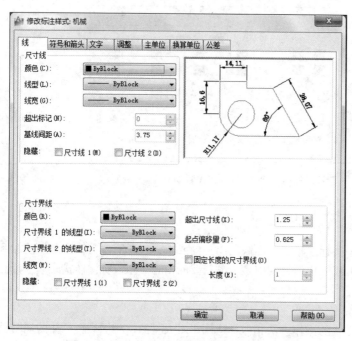

图 5-2-39　"修改标注样式：机械"对话框

图 5-2-40　"特性"面板

（2）单击"标注"工具栏中的"编辑标注"按钮 ，可以修改选中对象的标注文字的旋转或倾斜角度。

（3）单击"标注"工具栏中的"编辑标注文字"按钮 ，可以修改选中对象的标注文字位置。

（4）单击"标注"工具栏中的"标注更新"按钮 ，可以修改选中对象的标注样式。

另外，通过"标注"菜单下的相关选项或在命令行中输入相应的命令也可以完成上述的修改操作。

**任务实施**

绘制图 5-21 所示轴类零件图的操作步骤如下：

1. 创建图层，绘制图形

选择"格式"→"图层"命令，在打开的"图层特性管理器"窗口中新建粗实线、细实线、中心线，标注线等图层，并设置相应的颜色、线型及线宽。设置完成后进行图形绘制，绘制结果如图 5-2-41 所示。

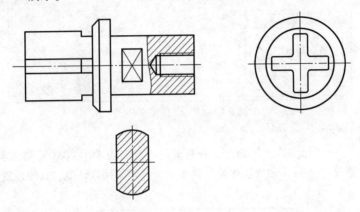

图 5-2-41　绘制零件图

2. 设置文字样式

（1）使用"格式"→"文字样式"命令，打开"文字样式"对话框，单击"新建"按钮，弹出"新建文字样式"对话框，如图 5-2-42 所示。在"样式名"文本框中输入"尺寸数字"后，单击"确定"按钮。

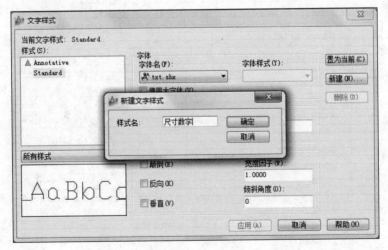

图 5-2-42　"新建文字样式"对话框

（2）在"文字样式"对话框中进行图 5-2-43 所示设置。

（3）单击"应用"按钮并关闭对话框。

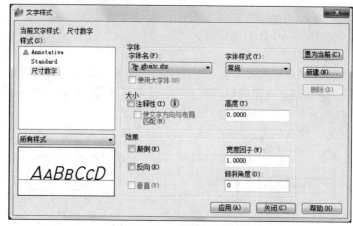

图 5-2-43　设置文字样式

**3. 设置标注样式**

选择"格式"→"标注样式"命令，在打开的"创建新标注样式"对话框中新建"机械图"标注样式，修改"文字"和"主单位"选项卡，其余采用默认值，具体设置如图 5-2-44 ～图 5-2-46 所示。

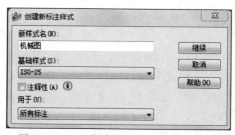

图 5-2-44　"创建新标注样式"对话框

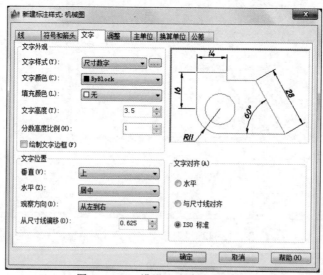

图 5-2-45　设置"文字"选项卡

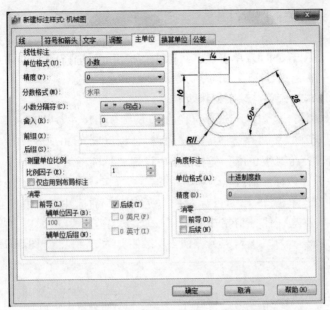

图 5-2-46　设置"主单位"选项卡

## 4. 标注尺寸

操作步骤如下：

（1）将尺寸标注图层置为当前层。

（2）使用对象捕捉和标注等功能，对图形中的元素进行标注。

（3）标注长度尺寸。

标注长度尺寸的引法有以下两种：

方法一：单击"线性标注"按钮 $\vdash$，捕捉点 $a$ 和点 $b$（见图 5-2-47），标出尺寸 30，以同样的方法标出图 5-2-47 所示尺寸。

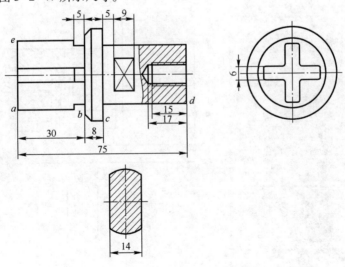

图 5-2-47　标注长度尺寸

方法二：单击"线性标注"按钮 $\sqsubset$ ，捕捉点 $a$ 和点 $b$（见图5-2-47），标出尺寸30，以同样的方法标出尺寸6，14，5。单击"连续标注"按钮 $\sqcap$ ，选择尺寸30的右尺寸界线，根据命令行提示选择点 $c$ 标出尺寸8。单击"基线标注"按钮 $\sqsupset$ ，选择尺寸30的左尺寸界线，根据命令行提示选择点 $d$ 标出尺寸75。用同样方法可标出其余尺寸。

（4）标注直径及尺寸公差。操作步骤如下：

① 单击"直径标注"按钮 $\bigcirc$ ，选择直径为40的圆标出尺寸 $\phi$40。

② 单击"线性标注"按钮 $\sqsubset$ ，捕捉点 $a$ 和点 $e$ ，标出尺寸30，25，10。双击尺寸30，系统弹出"特性"窗口，在"主单位"任务窗格中设置"标注前缀"为%%c，如图5-2-48所示。标注M10时，设置"标注前缀"为M。单击"标准"工具栏中的"特性匹配"按钮 $\boxed{\text{B}}$ ，单击 $\phi$30作为源对象，单击25作为目标对象，完成 $\phi$25的标注。双击尺寸 $\phi$30，系统弹出"特性"窗口，在"公差"任务窗格中设置"公差下偏差"为0.041，"公差上偏差"为 $-0.02$ ，"水平放置公差"为"中"，"公差消去后续零"为"否"，如图5-2-49所示。

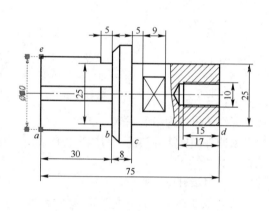

图5-2-48　标注直径

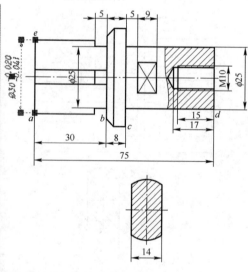

图5-2-49　标注公差

⚡ **提示：**
- 利用特性匹配免除了每个尺寸都要输入%%c的麻烦。
- 上偏差默认为正值，下偏差默认为负值。若上偏差为负，前面加一个负号即可；如果改下偏差为正值，前面加一个负号即可抵消。
- 尺寸公差不建议在"标注样式管理器"或"公差"选项卡中设置，否则会导致所有尺寸公差相同，不同的尺寸公差不能实现自定义。
- 用多行文字标注 $\phi 30^{-0.020}_{-0.041}$ 的方法：单击"线性标注"按钮 ⊢，捕捉点 $a$ 和点 $e$，在命令行输入 M 后按【Enter】键，在"多行文字编辑器"中输入%%c30-0.020^-0.041，然后选择-0.020^-0.041，单击"堆叠"按钮 ⊢ 即可。

（5）标注倒角。单击"引线"按钮 ⅋，输入 s，弹出"引线设置"对话框，其设置如图5-2-50所示，单击"确定"按钮后按命令行提示操作，结果如图5-2-51所示。

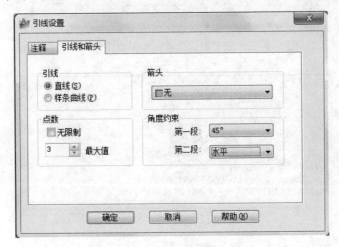

图 5-2-50　"引线和箭头"设置

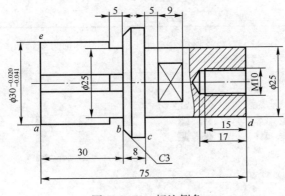

图 5-2-51　标注倒角

（6）标注形位公差，其方法有以下两种：

方法一：单击"引线"按钮 ⅋ 或在命令行输入 qleader，输入 s，弹出"引线设置"对话框，其设置如图 5-2-52 和图 5-2-53 所示，单击"确定"按钮后按命令行提示操作，在弹出的"形位公差"对话框中进行设置，如图 5-2-54 所示。

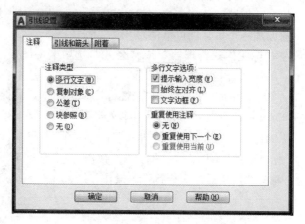

图 5-2-52　设置形位公差标注中"注释"选项卡

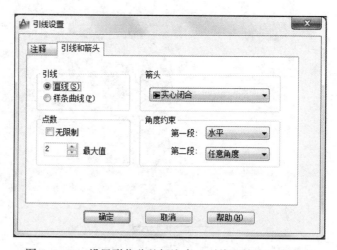

图 5-2-53　设置形位公差标注中"引线和箭头"选项卡

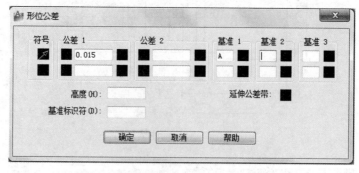

图 5-2-54　设置"形位公差"对话框

方法二：先作引线，然后单击"公差"按钮 设置形位公差。

设置形位公差后，进行基准代号的绘制，用"直线""圆""文字"命令按标准进行绘制，结果如图5-2-55所示。

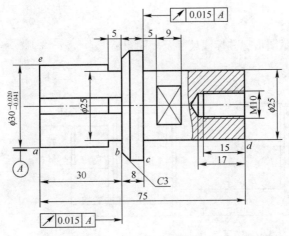

图 5-2-55　形位公差标注

（7）绘制剖面符号，结果如图5-2-56所示。

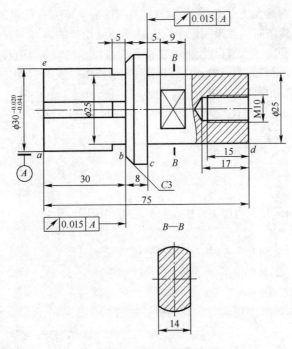

图 5-2-56　标注剖面符号

（8）标注技术要求。注写技术要求，此处不作说明。

# 任务3 图块设置

**任务引入**

绘制图 5-3-1 所示图形，并标注尺寸及表面粗糙度。

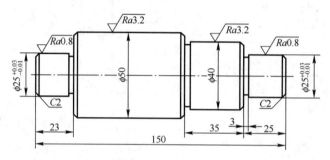

图 5-3-1 轴零件图

视频

绘制图 5-3-1

**相关知识**

用 AutoCAD 绘图的最大优点就是 AutoCAD 具有库的功能，且能重复使用图样中的部件。用户在使用 AutoCAD 绘图时，如果图形中有大量相同或相似的内容，或是所绘制的图形与已有的图形文件相同，则可以把要重复绘制的图形创建成块，在需要时直接插入它们；也可以将已有图形文件直接插入到当前图形中，从而提高了绘图效率。此外，用户还可以根据需要，为块创建属性，用来指定块的名称、用途、设计者等信息。

AutoCAD 中的块分为内部块和外部块两种，用户可通过"块定义"对话框精确设置创建块时的图形基点和图形对象。

## 一、创建块

### 1. 创建内部块

内部块是块的数据保存在当前文件中，且只能被当前图形所访问。其命令的调用有以下三种方法：

（1）菜单：选择"绘图"→"块"→"创建"命令。

（2）单击"绘图"工具栏中的"创建块"按钮 ◻。

（3）命令：Block 或 Bmake。

执行该命令，系统弹出"块定义"对话框，如图 5-3-2 所示。

### 2. 创建外部块

外部块是指块的数据可以是以前定义的内部块，或整个图形，或是选择的对象，它保存在独立的图形文件中，可以被所有图形文件所访问。

在命令行输入 Wblock 或 W 后，按【Enter】键，此时将打开"写块"对话框，如图 5-3-3 所示。

图 5-3-2　"块定义"对话框

图 5-3-3　"写块"对话框

各选项组的主要功能如下：

（1）"源"选项组：可以设置组成块的对象来源。选中"整个图形"单选按钮，可以将把全部图形写盘，此时只有"目标"选项组可用；选中"对象"单选按钮，可以指定需要写入磁盘的块对象，这时用户可根据需要使用"基点"选项组设置块的插入点位置，使用"对象"选项组设置组成块的对象。

（2）"目标"选项组：可以设置块的名称和路径。可以在下拉列表框中选择保存的位置，也可以单击"更多"按钮 [...]，使用打开的"浏览文件夹"对话框设置文件保存的位置；在"插入单位"下拉列表框中选择从 AutoCAD 设计中心中拖动块时的缩放单位。

## 二、块的属性

块属性是附属于块的非图形信息，是块的组成部分，是特定的可包含在块定义中的文字对象，并且在定义一个块时，属性必须预先定义。通常属性用于在块的插入过程进行自动注释。其命令的调用有以下两种方法：

（1）菜单选择："绘图" → "块" → "定义属性"命令。

（2）命令：Attdef 或 Attatt。

执行该命令，系统弹出"属性定义"对话框，如图 5-3-4 所示。

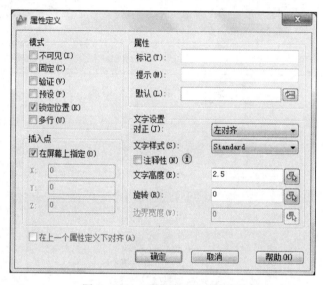

图 5-3-4 "属性定义"对话框

各主要选项的功能如下：

（1）"模式"选项组：在该选项区用户可以设置属性的模式。"不可见"复选框用于设置插入块后是否显示其属性值；"固定"复选框用于设置属性是否为定值，选中该复选框，属性为定值，由属性定义时通过"属性定义"对话框中的相应文本框给定，插入时该属性值不再发生变化，否则，插入块时可以输入任意值；"验证"复选框用于设置对属性值校验与否；"预设"复选框用于确定是否将属性值直接预置成它的默认值，选中该复选框，插入块时，系统将把"属性定义"对话框中的"值"文本框输入的默认值自动设置成实际属性值，不再要求用户输入新值，反之用户可以输入新属性值；选中"锁定位置"复选框，就锁定文字在块中的位置。

（2）"属性"选项组：用户可以定义块的属性。其中在"标记"文本框中可以输入属性的标记，在"提示"文本框中可以输入插入块时系统显示的提示信息，可以在相应文本框中输入属性的默认值，单击右侧按钮可以以"字段"的形式输入属性值。

（3）"插入点"选项组：可以设置属性值的插入点，即属性文字排列的参考点。用户可以直接在 X、Y、Z 文本框中输入点的坐标；也可以选中"在屏幕上指定"复选框插入点。

确定该插入点后，系统将以该点为参考点，按照在"文字选项"选项组的"对正"下拉列表框中确定的文字排列方式放置属性值。

（4）"文字选项"选项组：可以设置属性文字的格式。包括如下选项："对正"下拉列表框用于设置属性文字相对于参考点的排列方式；"文字样式"下拉列表框用于设置属性文字的样式；"高度"按钮用于设置属性文字的高度。用户可以直接在对应的编辑框中输入文字高度值，也可以单击该按钮，然后在绘图窗口中指定高度。"旋转"按钮用于设置属性文字行的旋转角度。

## 三、插入块

"插入块"命令的调用有以下三种方法：

（1）菜单：选择"插入"→"块"命令。

（2）单击"绘图"工具栏中的"插入块"按钮 。

（3）命令：Insert。

执行该命令，系统弹出"插入"对话框，如图5-3-5所示。

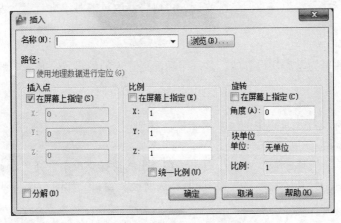

图5-3-5　"插入"对话框

各主要选项的功能如下：

（1）"名称"下拉列表框：用于选择块或图形的名称。用户也可以单击其后的"浏览"按钮，打开"选择图形文件"对话框，选择保存的外部块和外部参考图形。

（2）"插入点"选项组：用于设置块的插入点位置。用户可直接在 $X$、$Y$、$Z$ 文本框中输入点的坐标，也可以通过选中"在屏幕上指定"复选框，在屏幕上指定插入点的位置。

（3）"缩放比例"选项组：用于设置块的插入比例。用户可直接在 $X$、$Y$、$Z$ 文本框中输入块在三个方向的比例；也可以通过选中"在屏幕上指定"复选框在屏幕上指定。此外，该选项组的"统一比例"复选框用于确定所插入块在 $X$、$Y$、$Z$ 三方向的插入比例是否相同，选中时缩放比例相同，用户只需在 $X$ 文本框中输入比例值即可。

（4）"旋转"选项组：用于设置块插入时的旋转角度。用户可以直接在"角度"文本框中输入角度值，也可以选中"在屏幕上指定"复选框，在屏幕上指定旋转角度。

（5）"块单位"选项组：默认的块单位为"无单位"，比例为1。

（6）"分解"复选框：选中该复选框，可以将插入的块分解成块的各基本对象。

### 四、块的编辑与修改

1. 块的分解和重定义

对于图形中插入的块对象，要改变其组成，可以先将它分解，对其进行编辑、修改后重新定义同名块来实现。

1）块的分解

"分解"命令的调用有以下三种方法：

(1) 菜单：选择"修改"→"分解"命令。

(2) "修改"工具栏中的"分解"按钮 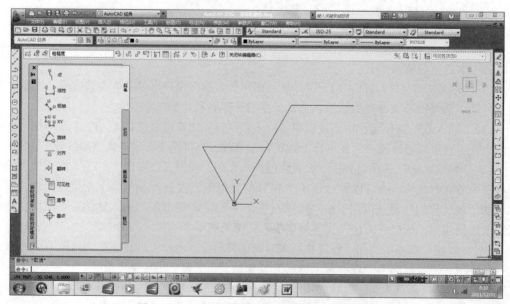。

(3) 命令：Explode。

执行"分解"命令，选择要分解的块，按【Enter】键确认即可。

2）块的重定义

分解后经修改的块，其变化仅表现在当前图形上，而图库中的块定义和其他已插入的块对象的组成并没有变化。要想将它们全部改变，可以将修改过的对象重新定义为同名块，即可修改块的组成。

2. 块编辑器

块编辑器主要是为动态块设置的，是一个功能更强大的编辑器，其命令的调用有以下四种方法：

(1) 菜单：选择"工具"→"块编辑器"命令。

(2) 单击"标准"工具栏中的"块编辑器"按钮。

(3) 命令：Bedit。

(4) 快捷菜单：选择"块"命令，右击，在弹出的快捷菜单中选择"块编辑器"命令。

执行完命令后，打开"块编写选项板-所有选项板"窗口，如图 5-3-6 所示。

图 5-3-6 "块编写选项板-所有选项板"窗口

3. 块的属性编辑

1）定义块之前进行块的属性编辑

"编辑"命令的调用有以下四种方法：

（1）菜单：选择"修改"→"对象"→"文字"→"编辑"命令。

（2）单击"文字"工具栏中的"编辑"按钮 A。

（3）命令：Ddedit。

（4）直接双击"属性"选项。

执行命令后，弹出图 5-3-7 所示的"编辑属性定义"对话框。

图 5-3-7 "编辑属性定义"对话框

2）块插入后的属性编辑

在图形中插入带属性的块后，若有些属性需要修改，可以用"块属性编辑器"对话框对块的属性进行编辑和修改，其命令调用有以下三种方法：

（1）菜单：选择"修改"→"对象"→"属性"→"块属性管理器"命令。

（2）单击"修改 II"工具栏中的"块属性管理器"按钮 。

（3）命令：Battman。

执行命令后，弹出图 5-3-8 所示的"块属性管理器"对话框。选定块后，在属性列表框中选择要编辑的属性，单击"编辑"按钮，弹出图 5-3-9 所示的"编辑属性"对话框，可对属性进行修改。

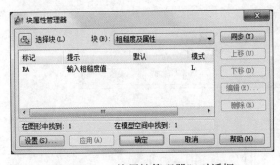

图 5-3-8 "块属性管理器"对话框

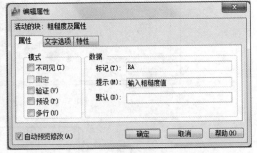

图 5-3-9 "编辑属性"对话框

## 五、表面粗糙度符号的画法

表面粗糙度符号的尺寸如表 5-3-1 所示。

表 5-3-1　表面粗糙度符号的尺寸

| 选项 | 图形 | | | | | | |
|---|---|---|---|---|---|---|---|
| |  | | | | | | |
| 数字和字母高度 h | 2.5 | 3.5 | 5 | 7 | 10 | 14 | 20 |
| 符号线宽 | 0.25 | 0.35 | 0.5 | 0.7 | 1 | 1.4 | 2 |
| 字母线宽 | | | | | | | |
| 高度 $H_1$ | 3.5 | 5 | 7 | 10 | 14 | 20 | 28 |
| 高度 $H_2$（最小值） | 7.5 | 10.5 | 15 | 21 | 30 | 42 | 60 |

**任务实施**

绘制图 5-3-1 所示轴零件图的步骤如下：

1. 创建图层

创建图层，设置文字样式（见图 5-3-10），设置标注样式，绘制图形并标注尺寸，结果如图 5-3-11 所示。

图 5-3-10　设置"文字样式"对话框

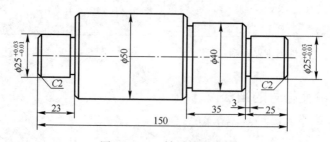

图 5-3-11　轴零件图绘制

### 2. 标注表面粗糙度

#### 1）创建粗糙度符号

（1）按制图标准绘制表面粗糙度符号  。

（2）选择"绘图"→"块"→"定义属性"命令，在弹出的图5-3-12所示的"属性定义"对话框中进行设置，完成后单击"确定"按钮回到绘图窗口，选取属性标记RA的插入位置，效果如图5-3-13所示。

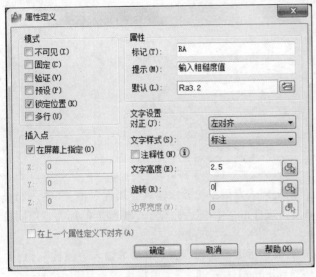

图5-3-12　设置"属性定义"对话框

图5-3-13　标记位置

（3）单击"绘图"工具栏上的"创建块"按钮，弹出图5-3-14所示的"块定义"对话框，在"名称"文本框中输入"表面粗糙度"；单击"选择对象"按钮，在屏幕上将粗糙度符号与属性一起定义成块，然后单击"拾取点"按钮回到绘图窗口，确定插入点，单击"确定"按钮，系统自动打开"编辑属性"对话框，如图5-3-15所示，可以编辑属性值，例如将$Ra3.2$改为$Ra6.4$等。

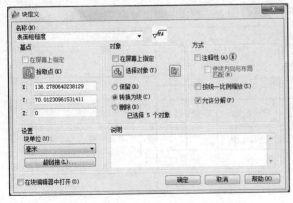

图5-3-14　设置"块定义"对话框

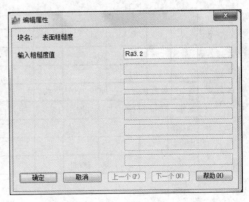

图5-3-15　"编辑属性"设置

2）插入粗糙度符号

（1）单击"绘图"工具栏上的"插入块"按钮，系统弹出图 5-3-16 所示的"插入"块对话框，在"名称"下拉列表框中选择"表面粗糙度及属性"选项，选中"统一比例"和"插入点"选项组中的"在屏幕上指定"复选框，单击"确定"按钮，系统自动回到绘图窗口，要求"指定插入点或［基点（B）/比例（S）/X/Y/Z/旋转（R）］："。

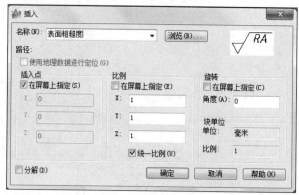

图 5-3-16　设置"插入"对话框

（2）在 $\phi50$ 轴的合适位置单击，指定插入点后系统要求输入"属性"值，"输入粗糙度值 <Ra3.2>:"，本例默认属性值为 Ra3.2，按【Enter】键后完成一个粗糙度的标注。用同样的方法标注 $\phi40$ 轴的表面粗糙度。

（3）用鼠标在 $\phi25$ 轴的合适位置点击，指定了插入点后系统要求输入"属性"值，"输入粗糙度值<Ra3.2>:"，输入 Ra0.8 后按【Enter】键完成一个粗糙度的标注。用同样的方法标注另一个 $\phi25$ 轴的表面粗糙度。

# 项 目 训 练

1. 要求：绘制图 5-4-1 所示标题栏并标注文字，文字样式为仿宋，宽度比例为 0.67，编辑完成后将其定义为外部块。

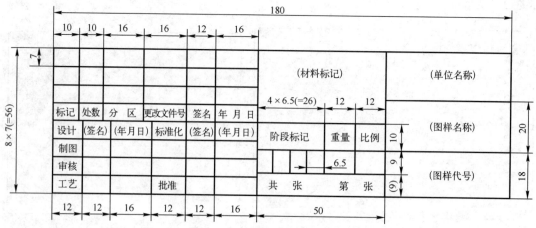

图 5-4-1　国家标准规定的标题栏格式

2. 按图 5-4-2 所示绘制轴零件图。

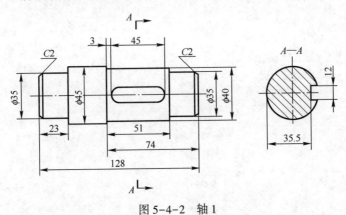

图 5-4-2　轴 1

3. 按图 5-4-3 所示绘制轴零件图。

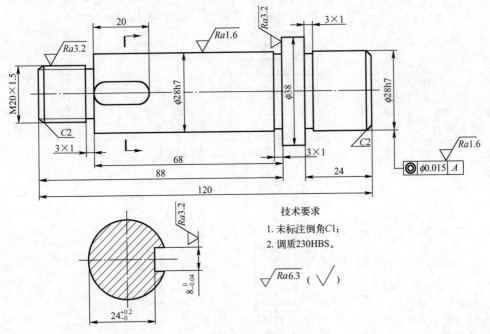

技术要求

1. 未标注倒角 C1；
2. 调质 230HBS。

图 5-4-3　轴 2

4. 按图 5-4-4 所示绘制轴零件图。
5. 按图 5-4-5 所示绘制轴零件图。
6. 按图 5-4-6 所示绘制轴零件图。

视频

绘制图 5-4-3

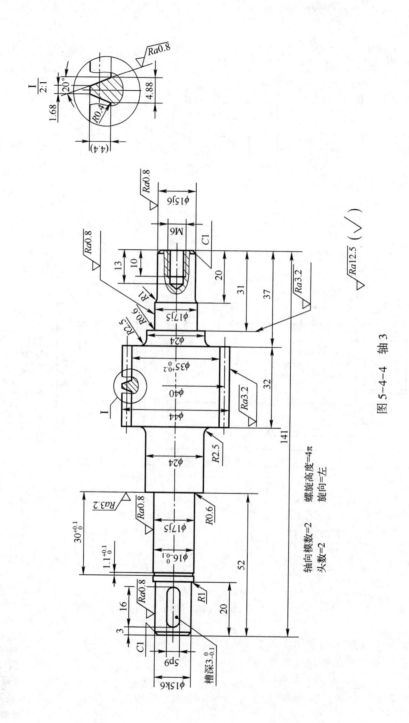

图 5-4-4 轴 3

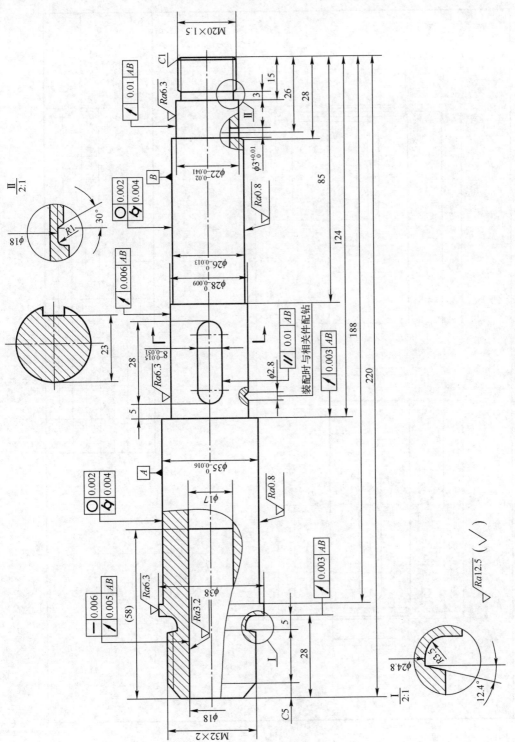

图 5-4-5　轴零件图

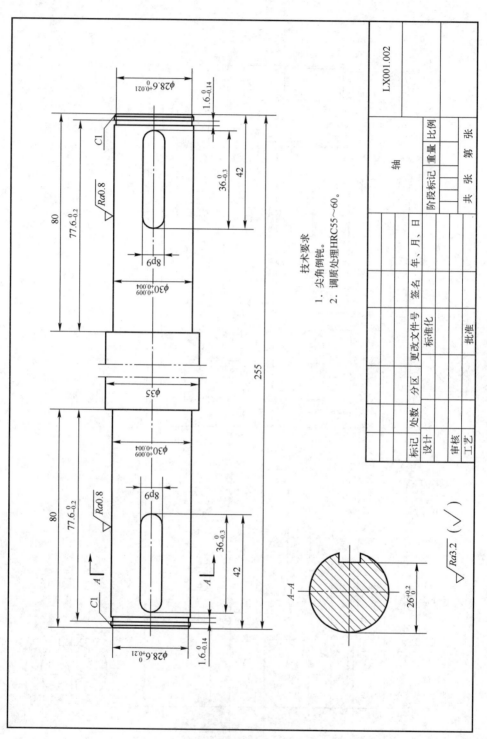

图 5-4-6 轴零件图

7. 按图 5-4-7 所示绘制拨叉的零件图。

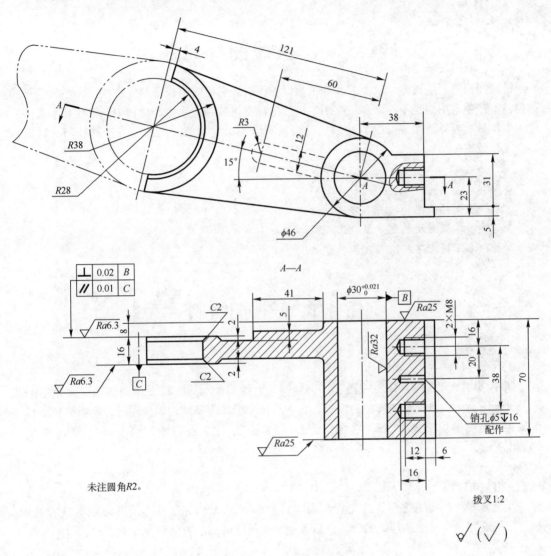

图 5-4-7 拨叉零件图

# 项目六　机械图样绘制

　　机械图样是表示机器、仪器或其他机械设备，以及它们的组成部分的形状、大小和结构的图样，生产中常用的是零件图和装配图。机械图样是机械制造及生产过程中的重要技术文件。

　　本项目主要介绍用 AutoCAD 绘制机械工程图样的基本功能及绘图的方法和技巧，以提高绘图工作效率。

学习目标

◇ 掌握绘制机械图样的基本方法。

◇ 进一步掌握图块的创建、应用及编辑方法。

◇ 进一步掌握文字的注写及编辑方法。

# 任务 1　三视图绘制

任务引入

　　图 6-1-1 所示为轴承座三视图，如何绘制呢？绘制轴承座三视图需要使用前面介绍的基本二维绘图命令，以及绘图环境的设置，文字与尺寸标注等基础知识，同时，绘制三视图必须保证视图之间的投影规律，即主、俯视图"长对正"，主、左视图"高平齐"，俯、左视图"宽相等"。

相关知识

　　在绘制零件三视图之前，首先将前面项目中的有关 AutoCAD 基本绘图命令等基础知识，包括二维绘图命令、绘图环境的设置，以及文字与尺寸的标注方法再作相关了解。

任务实施

　　绘制图 6-1-1 所示轴承座三视图的步骤如下：

　　（1）创建图形文件。从桌面或程序菜单进入 AutoCAD 2012 后，选择"创建新图形"或是"样板文件"命令创建一个新的文件。将此文件命名为"轴承座三视图"进行保存。选择"文件"——→"另存为"命令，保存到用户自己指定的位置。

　　（2）设置图形界限。根据图形的大小和 1∶1 作图原则，设置图形界限为 297×210，即标准图纸 A4。设置图形界限后，一定要通过显示缩放命令将整个图形范围显示成当前的屏幕大小。选择"视图"——→"缩放"——→"全部"命令，或单击缩放工具栏中"全部缩放"按钮 即可。

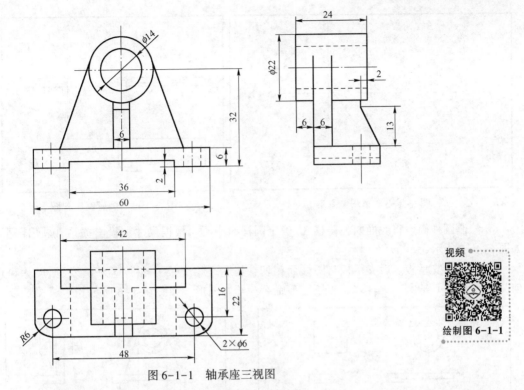

视频

绘制图 6-1-1

图 6-1-1　轴承座三视图

（3）创建图层。根据"轴承座三视图"中的线型要求，在"图层管理器"中设置粗实线、中心线、虚线、标注四种线型即可，如图 6-1-2 所示。

| 状 | 名称 | 开. | 冻结 | 锁... | 颜色 | 线型 | 线宽 | 透明度 | 打印... | 打. | 新. | 说明 |
|---|---|---|---|---|---|---|---|---|---|---|---|---|
| ✐ | 0 | 💡 | ☀ | 🔓 | ■白 | Continu... | —— 0.15 | 0 | Color_7 | 🖶 | 🖿 | |
| ✐ | Defpoints | 💡 | ☀ | 🔓 | ■白 | Continu... | —— 0.15 | 0 | Color_7 | 🖶 | 🖿 | |
| ✔ | 粗 | 💡 | ☀ | 🔓 | ■白 | Continu... | ━━ 0.3... | 0 | Color_7 | 🖶 | 🖿 | |
| ✐ | 点 | 💡 | ☀ | 🔓 | ■白 | CENTER2 | —— 0.15 | 0 | Color_7 | 🖶 | 🖿 | |
| ✐ | 细 | 💡 | ☀ | 🔓 | ■白 | Continu... | —— 0.15 | 0 | Color_7 | 🖶 | 🖿 | |
| ✐ | 虚 | 💡 | ☀ | 🔓 | ■白 | ACAD_I... | —— 0.15 | 0 | Color_7 | 🖶 | 🖿 | |

图 6-1-2　创建图层

（4）绘制轴承座三视图。绘制图形前，首先对轴承座的三视图进行形体分析，该组合体由四部分组成，即底座、圆柱筒、后支承板、中间的肋板。画图时先画基准，根据各部分之间的关系再组合形成整体。为保证实现视图之间的投影关系，绘图过程中通过作辅助线的方式来保证。

① 绘制轴承座的三个方向定位基准。使用"中心线"层，绘制轴承座的高度基准（下底面），轴承座的左右对称线为长度方向定位基准，支架的后面为宽度方向定位基准，为保证宽度方向的尺寸，可在两宽度基准交线处绘制 45°斜线，如图 6-1-3 所示。

② 绘制底座。使用"粗实线"图层，采用"直线" ✐、"偏移" ✐、"圆" ⊘、"倒角" ⃞、"修剪" ⊹ 等命令绘制底座的轮廓线。使用"虚线"图层，采用"直线" ✐、"偏移" ✐、"修剪" ⊹、"复制" ✐ 等命令绘制底座主、左视图上两个孔，如图 6-1-4 所示。

**139**

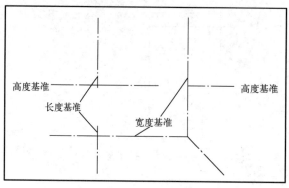

图 6-1-3　布图画基准　　　　　　　　图 6-1-4　画底座三视图

③ 绘制圆柱筒。将底面向上偏移 32 确定圆柱筒中心，根据尺寸和投影关系，画出图形，如图 6-1-5 所示。

④ 绘制后支承板。后支承板与圆柱筒相切，与底座相交长为 42、宽为 6，根据尺寸和几何关系，采用"直线""偏移""复制"等命令，绘制图形，如图 6-1-6 所示。

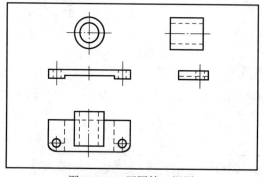

图 6-1-5　画圆筒三视图

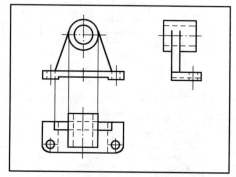

图 6-1-6　画后支承板三视图

⑤ 绘制肋板。肋板与底座相叠加，与圆柱筒相交，宽度为 6，距离圆柱筒前面为 2，距离底面高为 13，绘制图形，如图 6-1-7 所示。

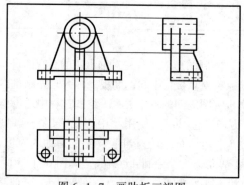

图 6-1-7　画肋板三视图

⑥ 标注尺寸。设置合适尺寸样式，如图 6-1-8 所示。

⑦ 将绘制好的图形保存。

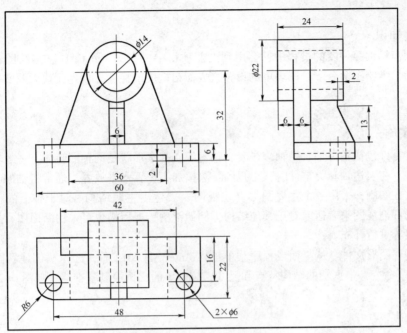

图 6-1-8　标注尺寸后的图形

# 任务 2　零件图绘制

任务引入

绘制图 6-2-1 所示齿轮轴零件图。

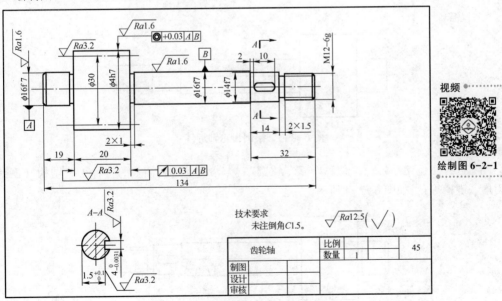

图 6-2-1　齿轮轴零件图

视频

绘制图 6-2-1

**相关知识**

在绘制齿轮轴零件图的过程中，会用到之前项目中的有关 AutoCAD 基本绘图命令等基础知识，包括二维绘图命令、绘图环境的设置、表面粗糙度的标注、创建图块以及文字与尺寸的标注等。

**任务实施**

轴套类零件包括各种轴、销轴、衬套、轴套等，基本形状是同轴回转体，一般轴向尺寸大于径向尺寸。在表达轴套类零件时，主视图一般按加工位置水平放置，通常将轴的大段放在左侧，小段放在右侧，采用一个主要图形（主视图）表达出主题结构。对于轴上的一些局部结构可采用局部剖视图来表达。对于其他结构，例如键槽、退刀槽也可采用断面图、局部视图或局部放大图等进行补充表达。

（1）创建图形文件。从桌面或程序菜单进入 AutoCAD 2012 后，选择"创建新图形"或是"样板文件"命令，根据轴的结构特点和尺寸，按 1:1 的比例绘制基准线，如图 6-2-2 所示。

图 6-2-2　绘制基准线

（2）选择"直线" ⁄、"矩形" ▭ 等命令分别绘制齿轮轴的各部分形体，如图 6-2-3 所示。

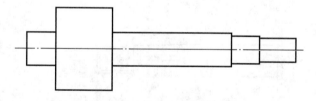

图 6-2-3　绘制齿轮轴形体

（3）选择"倒角" ◸、"偏移" ⬚、"圆" ⊚ 等命令绘制轴上的各种工艺结构（倒角、退刀槽、键槽等），如图 6-2-4 所示。

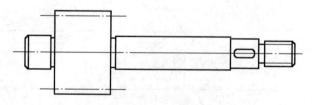

图 6-2-4　绘制退刀槽、键槽、倒角

（4）选择"对象特性"命令修改线型，选择"多段线" 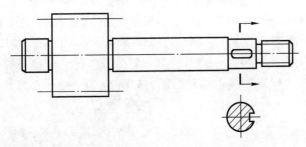命令画出剖切符号，绘制断面图并选择"图案填充"命令画出剖面线，如图6-2-5所示。

图6-2-5 修改线型、绘制剖切符号、剖面图

提示：使用 AutoCAD 绘制零件图，由于用户的操作习惯和绘图方式因人而异，因此即使是同一张零件图，绘制过程也各不相同。如果需要绘制倾斜的正多边形，只需在输入圆半径时，输入相应的极坐标即可。

（5）尺寸标注。标注轴套零件的尺寸时，一般以水平位置的轴线作为径向尺寸基准，由此标注出不同的定形尺寸 $\phi$；以重要端面、接触面（轴肩）或加工面作为长度尺寸基准，由此标注出不同的定性尺寸和定位尺寸；对于零件上的常见结构，例如退刀槽、砂轮越程槽、倒角等，均应按规定标注，选择"线性"、"快速标注"命令等，对图形完成尺寸标注，如图6-2-6所示。

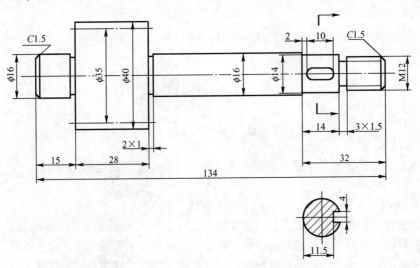

图6-2-6 尺寸标注

（6）表面粗糙度标注。采用 AutoCAD 提供的"块"功能，可在零件图绘制过程中，对一些需要重复绘制的图形，例如键槽、表面粗糙度、标准件等进行绘制，对于这些图形，可将它们分别创建为图块，在需要绘制或标注时，将创建的图块插入即可。利用"块"功能，可提高绘图效率，也可保证绘图的准确性。绘制粗糙度的方法在项目五中已经介绍，此处不再重复。

（7）极限与配合。零件图中极限与配合是尺寸标注中的一项重要内容，在零件的设计、加工制作、检验和装配过程中都要给零件的尺寸提出要求。具体操作参看项目五。标注极限尺寸的方法在项目五中已经介绍，此处不再重复。

（8）几何公差。对于精度要求较高的零件，除要规定尺寸公差外，还要控制零件加工后所产生的形状、位置、方向和跳动的误差。标注公差的方法在项目五中已经介绍，此处不再重复。

（9）技术要求的绘制，选择"多行文字" **A** 命令，按命令提示操作，输入文字，选择合适的字号，单击"确定"按钮结束绘制，如图 6-2-7 所示。齿轮轴零件图中技术要求如图 6-2-8 所示。

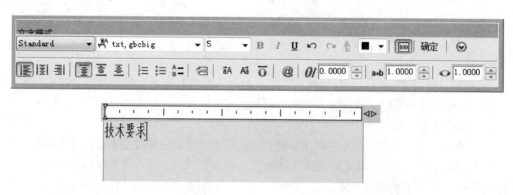

图 6-2-7　多行文字输入

技术要求
未注倒角C1.5。

图 6-2-8　技术要求

# 任务 3　装配图绘制

**任务引入**

根据图 6-3-1 所示滑轮装置示意图和零件图，完成装配图的绘制。

**相关知识**

装配图是设计和生产机器或部件的重要技术文件之一，用来表达部件或机器的工作原理，零件之间的装配和安装关系及相互位置的图样，一张完整的装配图应包含以下内容：

（1）一组图形：用于表达部件或机器的工作原理、零件之间的装配和安装关系及主要零件的结构形状。

（2）必要的尺寸：用于表达部件或机器的性能尺寸、装配和安装尺寸、外形尺寸及其他重要尺寸。

（3）技术要求：用于说明部件或机器在装配、安装、调试、检验、使用、维修等方面的要求。

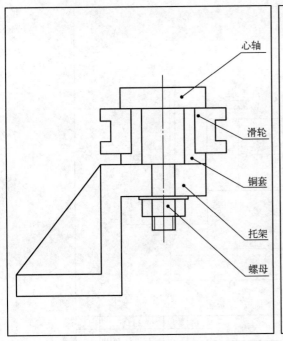

（a）装配示意图

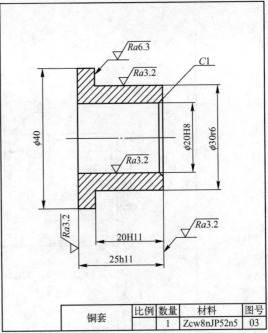

| 铜套 | 比例 | 数量 | 材料 | 图号 |
|------|------|------|------|------|
|      |      | 1    | Zcw8nJP52n5 | 03 |

（b）铜套零件图

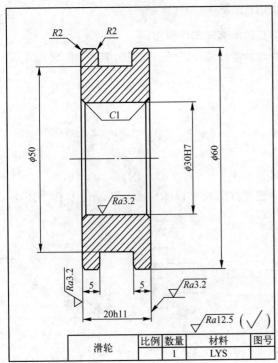

| 滑轮 | 比例 | 数量 | 材料 | 图号 |
|------|------|------|------|------|
|      |      | 1    | LYS  |      |

（c）滑轮零件图

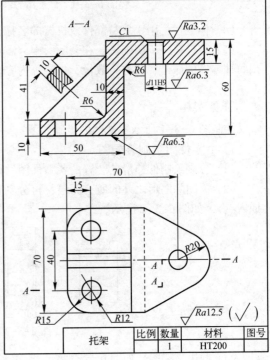

| 托架 | 比例 | 数量 | 材料 | 图号 |
|------|------|------|------|------|
|      |      | 1    | HT200 |      |

（d）托架零件图

图 6-3-1　低速滑轮装配示意图及零件图

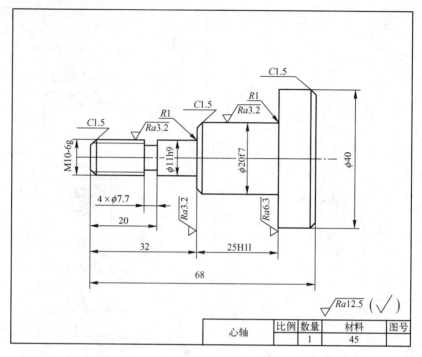

（e）心轴零件图

图 6-3-1　低速滑轮装配示意图及零件图（续）

（4）标题栏：用于填写部件或机器的名称，其他内容与零件图相同。

（5）零件序号、明细栏：在装配图中，需要每种零件编写序号，并在明细栏中依次对应列出每种零件的序号、名称、数量、材料等内容。

**任务实施**

绘制图 6-3-1 所示零件图的步骤如下：

1. 由零件图绘制装配图

（1）分别绘制低速滑轮装置的各零件图，如图 6-3-1（b）、（c）、（d）、（e）所示。

（2）关闭除图形之外的所有图层，再分别创建零件图块（以图中的点 *A*、*B*、*C* 作为图块插入点），如图 6-3-2 所示。

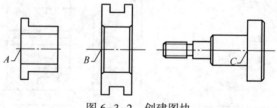

图 6-3-2　创建图块

（3）调出支架图，如图 6-3-3（a）所示。

（4）插入铜套（旋转 90°），如图 6-3-3（b）所示。

（5）插入滑轮（旋转 90°），如图 6-3-3（c）所示。

（6）插入心轴（旋转90°），如图6-3-3（d）所示。

（7）插入螺母和垫圈，并修剪多余线段（分解图块后），如图6-3-3（e）所示。

（8）绘制剖面线，完成装配图形，如图6-3-3（f）所示。

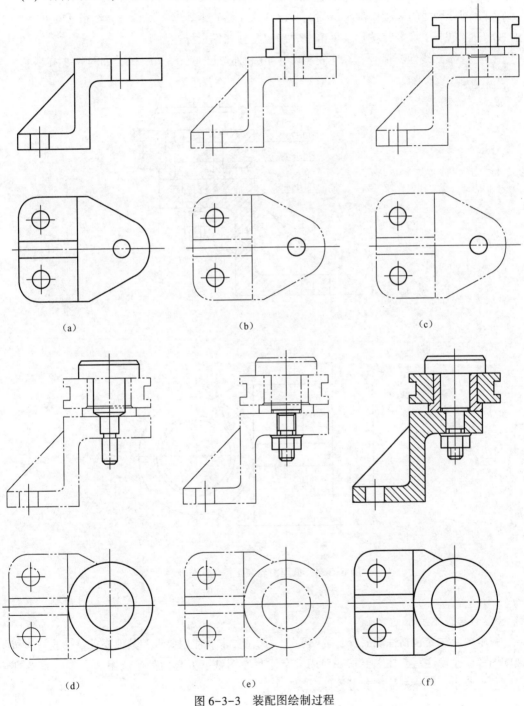

图6-3-3　装配图绘制过程

2. 标注必要的尺寸

（1）选择"线性"命令，在命令提示"指定尺寸线位置"时输入 m，通过插入符号 φ 和输入相关数字和字母，完成配合尺寸的标注。

（2）配合尺寸的标注，输入 m 后，弹出"文字格式编辑器"对话框，编辑 φ11H9/h9，选中 H9/h9，单击"堆叠"按钮，再单击"确定"按钮结束标注。

（3）选择"线性"命令，标注安装尺寸 40 和外形尺寸 70、70、96，如图 6-3-4 所示。

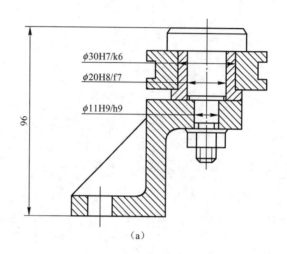

（a）

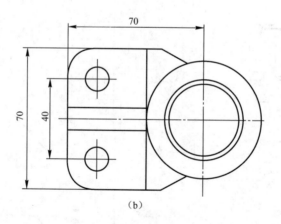

（b）

图 6-3-4　低速滑轮装配图的尺寸标注

3. 书写技术要求

技术要求主要包括性能要求、装配要求、调试要求、使用要求和其他要求，一般并非每张装配图都要全部注写，技术要求一般用文字注写在图纸下方空白处。调用"文字"命令即可注写技术要求，具体操作请参考零件图绘制。

**4. 绘制标题栏**

装配图中标题栏的格式与尺寸，国家标准有相应的规定，具体操作请参考图5-1-1。

**5. 书写零件序号、明细栏**

为便于统计和看图方便，将装配图中的零、部件按顺序进行编号并标注在图纸上，称为零、部件的序号。

（1）零件序号的标注，选择合适引线样式后，选择"快速标注"命令 ⊠、"多行文字"命令 **A**，依次标注零件序号，如图6-3-5所示。

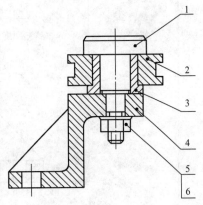

图6-3-5　标注零件序号

（2）明细栏的标注，一般配置在标题栏的上方，按由上而下的方向顺序填写，由序号、代号、名称、数量、材料、重量等组成，装配图中明细栏各部分的尺寸与格式，如图6-3-6所示。具体操作参考项目六。

选择"直线""文字"等命令，绘制明细栏的表头。选择"直线"命令，绘制明细栏的单元格，选择"复制"命令，依次由下向上插入零件序号，双击可修改文字内容，如图6-3-7所示。完成低速滑轮装配图的绘制，如图6-3-8所示。

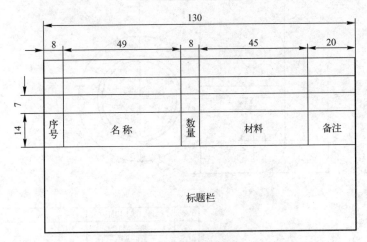

图6-3-6　明细栏格式

| 6 | 垫圈10-140HW | 1 | | GB/T 97.1 |
|---|---|---|---|---|
| 5 | 螺母M10 | 1 | | GB/T 6170 |
| 4 | 托架 | 1 | HT200 | |
| 3 | 衬套 | 1 | ZCuSn5Pb5Zn5 | |
| 2 | 滑轮 | 1 | LY13 | |
| 1 | 心轴 | 1 | 45 | |
| 序号 | 名称 | 数量 | 材料 | 备注 |

图6-3-7　明细栏的绘制

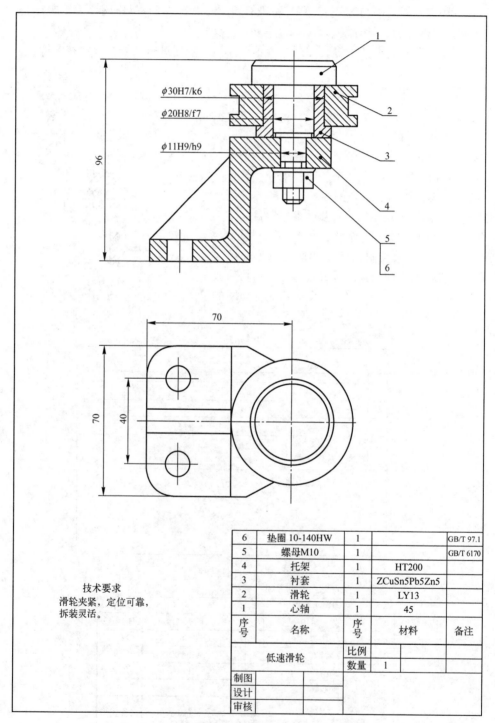

| 6 | 垫圈 10-140HW | 1 | | GB/T 97.1 |
| 5 | 螺母M10 | 1 | | GB/T 6170 |
| 4 | 托架 | 1 | HT200 | |
| 3 | 衬套 | 1 | ZCuSn5Pb5Zn5 | |
| 2 | 滑轮 | 1 | LY13 | |
| 1 | 心轴 | 1 | 45 | |
| 序号 | 名称 | 序号 | 材料 | 备注 |
| 低速滑轮 | | 比例 | | |
| | | 数量 | 1 | |
| 制图 | | | | |
| 设计 | | | | |
| 审核 | | | | |

技术要求
滑轮夹紧，定位可靠，
拆装灵活。

图 6-3-8 低速滑轮装配图

# 项目训练

1. 完成图 6-4-1 所示泵盖零件图的绘制。

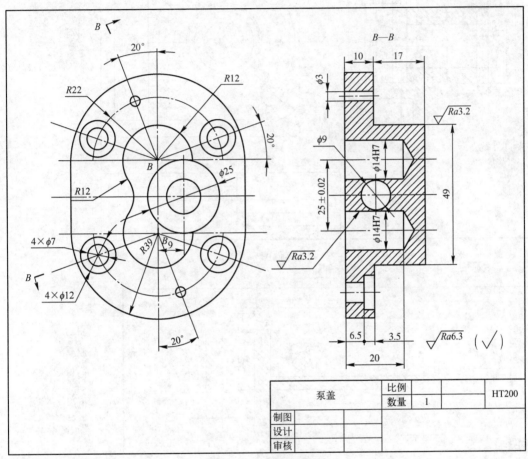

| 泵盖 | 比例 | | | HT200 |
|---|---|---|---|---|
| | 数量 | 1 | | |
| 制图 | | | | |
| 设计 | | | | |
| 审核 | | | | |

图 6-4-1　泵盖零件图

2. 完成图 6-4-2 所示阀盖零件图的绘制。

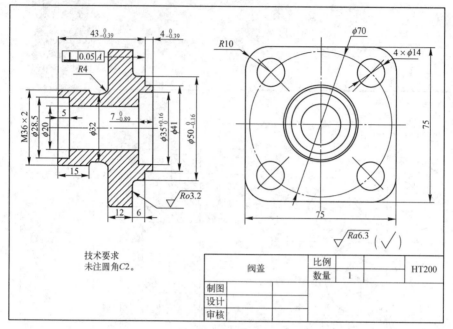

技术要求
未注圆角C2。

| 阀盖 | | 比例 | | | HT200 |
|---|---|---|---|---|---|
| | | 数量 | 1 | | |
| 制图 | | | | | |
| 设计 | | | | | |
| 审核 | | | | | |

图 6-4-2　阀盖零件图

3. 完成图 6-4-3 所示拨叉零件图的绘制。

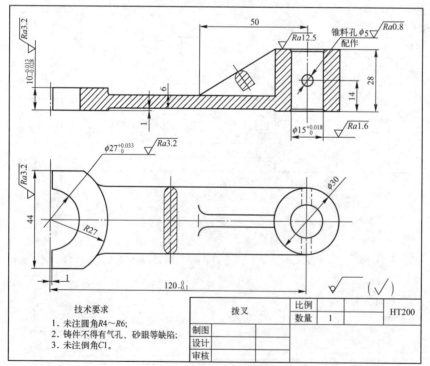

技术要求
1. 未注圆角R4～R6;
2. 铸件不得有气孔、砂眼等缺陷;
3. 未注倒角C1。

| 拨叉 | | 比例 | | | HT200 |
|---|---|---|---|---|---|
| | | 数量 | 1 | | |
| 制图 | | | | | |
| 设计 | | | | | |
| 审核 | | | | | |

图 6-4-3　拨叉零件图

4. 完成图 6-4-4 所示基板零件图的绘制。

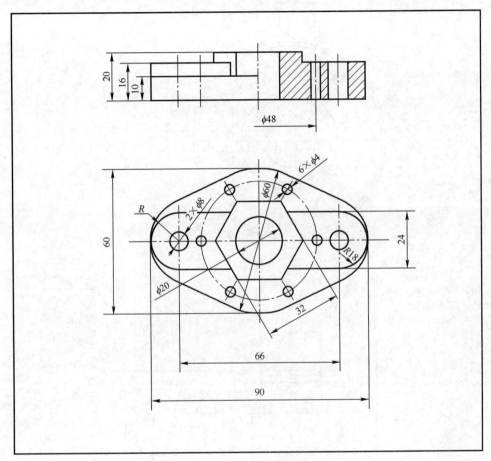

图 6-4-4　基板零件图

5. 完成图 6-4-5 所示传动轴的零件图。

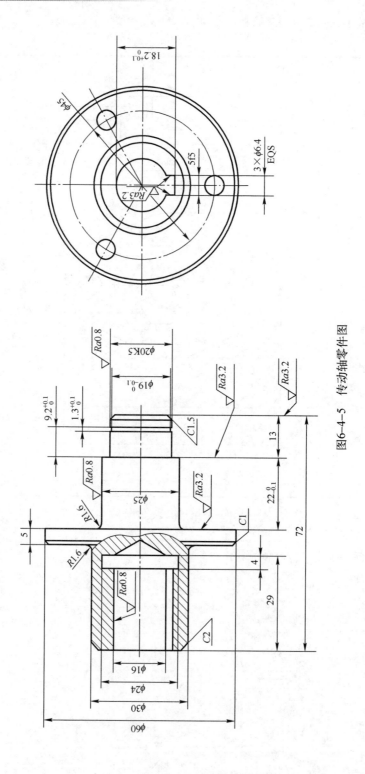

图6-4-5　传动轴零件图

6. 完成图6-4-6所示法兰套零件图。

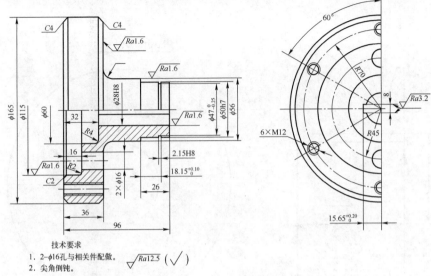

技术要求

1. 2-φ16孔与相关件配做。

2. 尖角倒钝。

图6-4-6　法兰套零件图

7. 完成如图6-4-7所示压盖零件图。

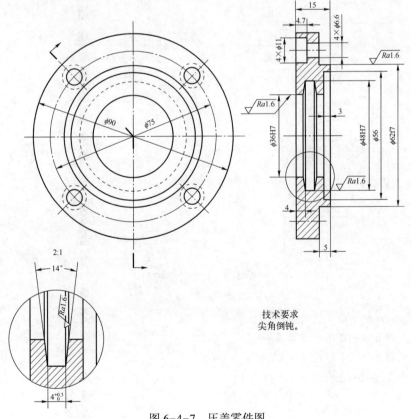

技术要求

尖角倒钝。

图6-4-7　压盖零件图

8. 完成图 6-4-8 所示皮带轮零件图。

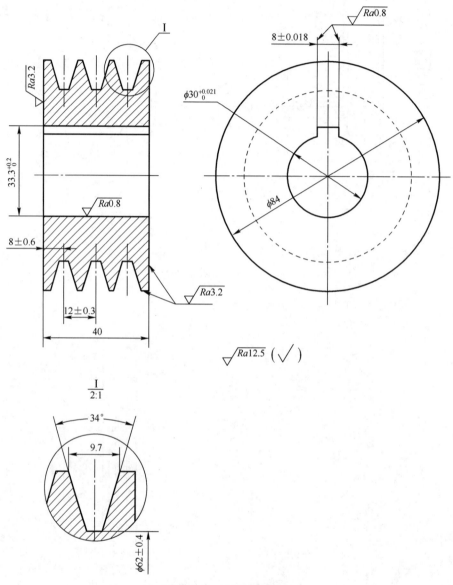

图 6-4-8　皮带轮零件图

9. 完成图 6-4-9 所示齿轮零件图。
10. 完成图 6-4-10 所示壳体零件图。
11. 完成图 6-4-11 所示端盖零件图。
12. 完成图 6-4-12 所示支承座零件图。

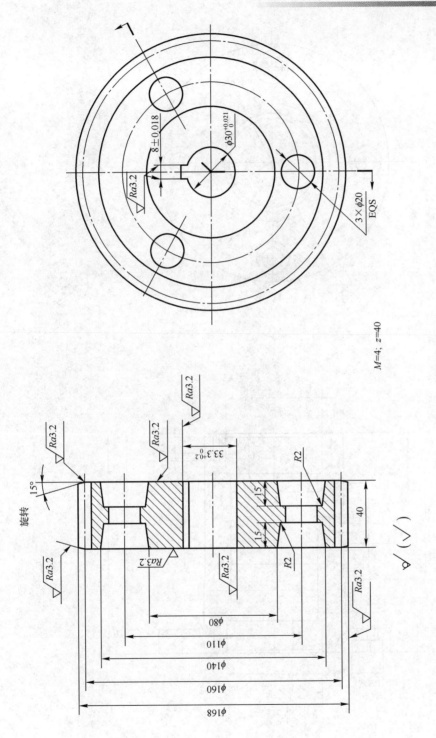

M=4；z=40

图6-4-9　齿轮零件图

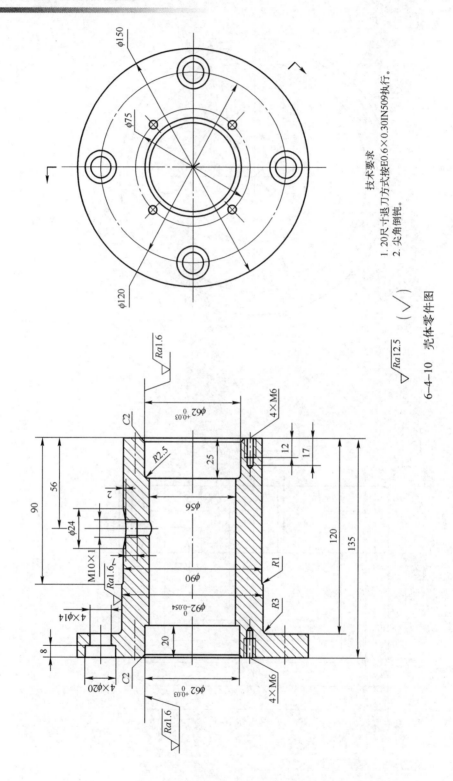

技术要求
1. 20尺寸退刀方式按E0.6×0.30IN509执行。
2. 尖角倒钝。

$\sqrt{Ra12.5}$ （ $\sqrt{\ }$ ）

6-4-10　壳体零件图

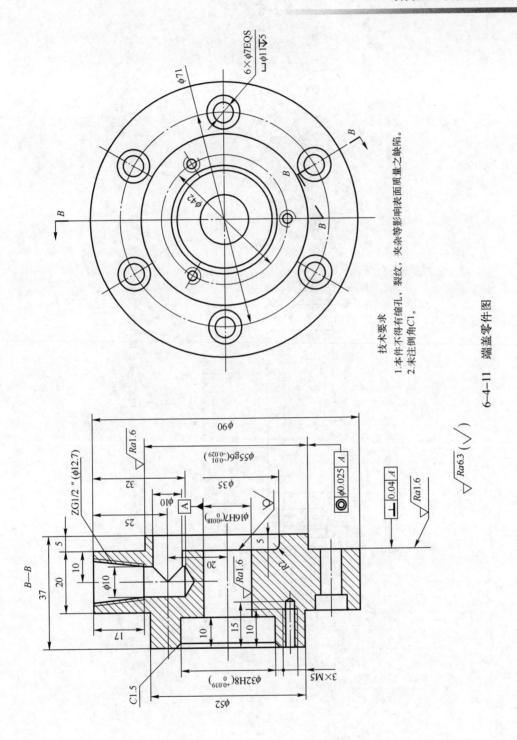

技术要求
1.本件不得有缩孔、裂纹、夹杂等影响表面质量之缺陷。
2.未注倒角C1。

6-4-11 端盖零件图

$\sqrt{Ra6.3}\,(\sqrt{\ })$

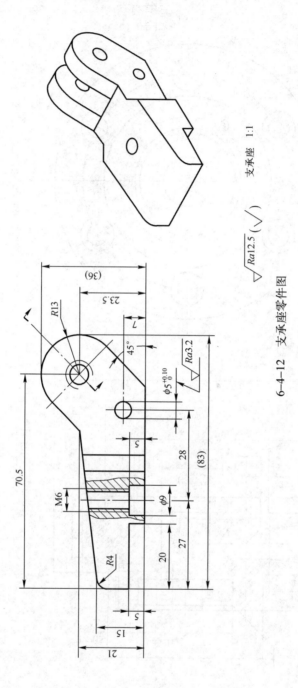

$\sqrt{Ra12.5}\ (\sqrt{\ })$    支承座 1:1

6-4-12 支承座零件图

13. 完成图 6-4-13 所示钻模装配图。

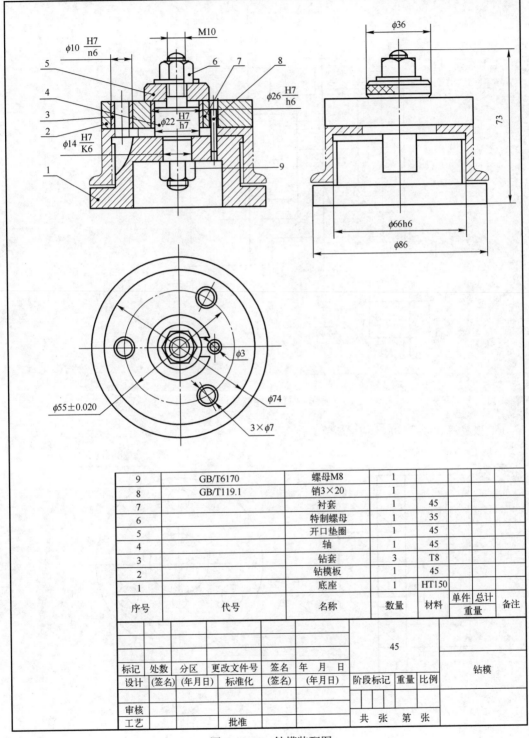

| 9 | GB/T6170 | 螺母M8 | 1 | | | | |
| 8 | GB/T119.1 | 销3×20 | 1 | | | | |
| 7 | | 衬套 | 1 | 45 | | | |
| 6 | | 特制螺母 | 1 | 35 | | | |
| 5 | | 开口垫圈 | 1 | 45 | | | |
| 4 | | 轴 | 1 | 45 | | | |
| 3 | | 钻套 | 3 | T8 | | | |
| 2 | | 钻模板 | 1 | 45 | | | |
| 1 | | 底座 | 1 | HT150 | | | |
| 序号 | 代号 | 名称 | 数量 | 材料 | 单件 | 总计 | 备注 |
| | | | | | 重量 | | |

图 6-4-13　钻模装配图

14. 完成图 6-4-14 所示底座零件图。

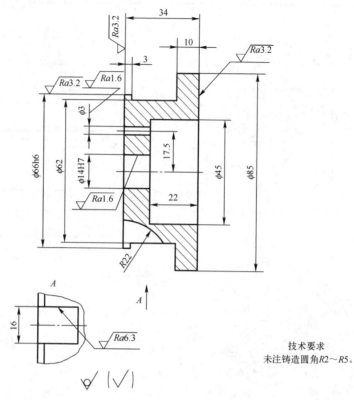

图 6-4-14　底座零件图

技术要求
未注铸造圆角R2～R5。

15. 完成图 6-4-15 所示钻模板的零件图。

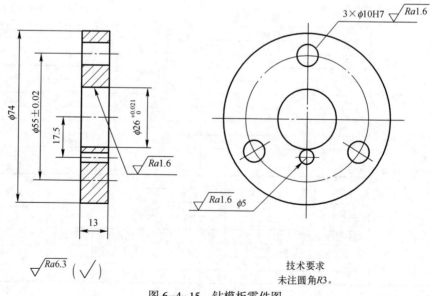

技术要求
未注圆角R3。

图 6-4-15　钻模板零件图

16. 完成图 6-4-16 所示钻套零件图。

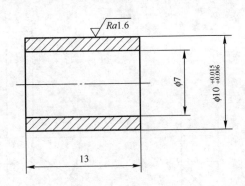

图 6-4-16　钻套零件图

17. 完成图 6-4-17 所示轴零件图。

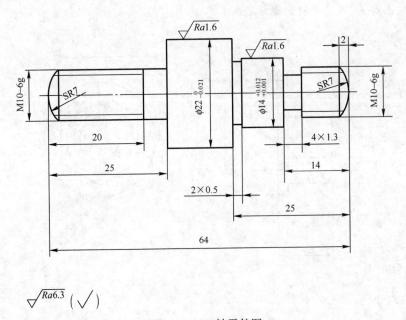

图 6-4-17　轴零件图

18. 完成图 6-4-18 所示开口垫圈零件图。

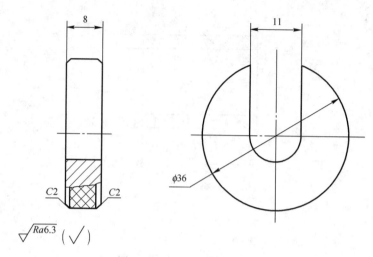

图 6-4-18 开口垫圈零件图

19. 完成图 6-4-19 所示特制螺母零件图。

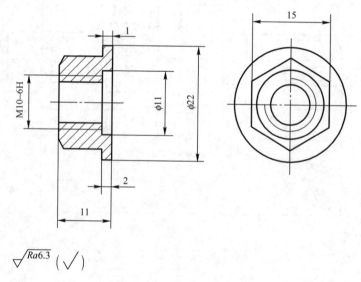

图 6-4-19 特制螺母零件图

20. 完成图 6-4-20 所示衬套零件图。

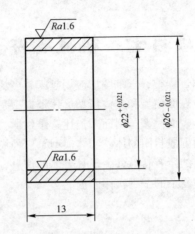

$$\sqrt{Ra6.3}\ (\sqrt{\ })$$

图 6-4-20　衬套零件图

# 项目七　机械零件三维建模

在工程设计和绘图过程中，三维图形应用越来越广泛。AutoCAD 系统可以建立三种类型的三维图形：线框模型、表面模型和实体模型。线框模型是以物体的轮廓线架来表达立体的，它不具有面和体的信息。表面模型是用面来描述三维物体，不光有棱边，而且由有序的棱边和内环构成了面，由多个面围成封闭的体。实体模型是三种模型中最高级的一种，除具有上述线框模型和表面模型所具有的所有特性外，还具有体的信息，因而可以在各实体对象间进行各种布尔运算操作，从而创建复杂的三维实体图形。

学习目标

- 学会观察和渲染三维图形的基本方法。
- 能灵活地创建 UCS。
- 能绘制由基本体组合的三维实体。
- 能将三维基本体、和二维图形转换三维图形等方法结合起来创建较复杂的三维模型。
- 能灵活运用布尔运算进行三维绘图。
- 能熟练运用三维操作和编辑等方法，绘制较复杂的三维造型。

# 任务1　三维绘图环境设置

在绘制三维对象之前，首先应了解一些三维绘图的基础知识，包括用户坐标系的建立、设置视图观察点、动态观察图形，以及观察三维图形的方法。

任务引入

图 7-1-1 所示为常见的基本体，如何创建呢？这需要掌握三维坐标系，实体的绘制方法、着色等相关命令来完成。下面学习这方面的知识。

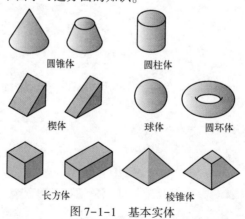

圆锥体　　　　　　　圆柱体

楔体　　　球体　　　圆环体

长方体　　　　　　棱锥体

图 7-1-1　基本实体

相关知识

## 一、三维绘图基础

在 AutoCAD 中，要创建和观察三维图形，就一定要使用三维坐标系和三维坐标。因此，了解并掌握三维坐标系，树立正确的空间观念，是学习三维图形绘制的基础。

### 1. 三维绘图术语

三维实体模型需要在三维实体坐标系下进行描述，在三维坐标系下，可以使用直角坐标或极坐标方法来定义点。此外，在绘制三维图形时，还可使用柱坐标和球坐标来定义点。在创建三维实体模型前，应先了解下面的一些基本术语。

（1）XY 平面：是 X 轴垂直于 Y 轴组成的一个平面，此时 Z 轴的坐标是 0。

（2）Z 轴：是一个三维坐标系的第三轴，它总是垂直于 XY 平面。

（3）高度：主要是 Z 轴上坐标值。

（4）厚度：主要是 Z 轴的长度。

（5）相机位置：在观察三维模型时，相机的位置相当于视点。

（6）目标点：当用户眼睛通过照相机看某物体时，用户聚焦在一个清晰点上，该点就是所谓的目标点。

（7）视线：视线是将视点和目标点连接起来的假想线。

（8）和 XY 平面的夹角：视线与其在 XY 平面的投影之间的夹角。

（9）XY 平面角度：视线在 XY 平面的投影与 X 轴之间的夹角。

### 2. 创建用户坐标系

在 AutoCAD 中，系统提供了两种坐标系，一种是世界坐标系（WCS），另一种是用户坐标系（UCS）。世界坐标系是系统定义默认的坐标系，是唯一确定的。用户坐标系是可以由用户自己定义的坐标系。在三维环境中创建或修改对象时，可以在三维空间中的任何位置移动和重新定义 UCS 以简化工作。此外，在绘制三维图形时，还可使用柱坐标和球坐标来定义点，如图 7-1-2 和图 7-1-3 所示。

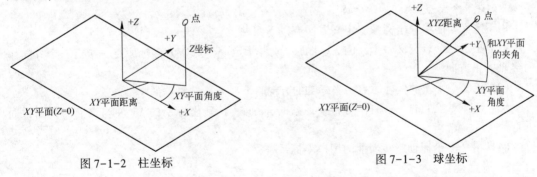

图 7-1-2 柱坐标　　　　　　　　　　图 7-1-3 球坐标

用户坐标系允许修改坐标原点的位置及 X、Y、Z 轴的方向，UCS 命令用于定义新用户坐标系的坐标原点及 X 轴、Y 轴的正方向。当变换用户坐标系时，坐标轴的方向有时会发生改变，这时判断绕坐标轴旋转的正方向可能就比较困难了，当改变了用户坐标系或旋转某个对象时，只要用右手定则就可以方便地确定旋转的正方向。

右手定则的使用方法是图 7-1-4（a）所示的右手定则：伸开右手的拇指、食指和中指，各指含义如下：

- 拇指指向 $X$ 轴正方向。
- 食指指向 $Y$ 轴正方向。
- 中指指向 $Z$ 轴正方向。

创建多种用户坐标系，熟练掌握用户坐标系的使用方法。

（1）菜单：选择"工具"━━→"新建"命令，如图 7-1-4（b）所示。

（2）"UCS"：图 7-1-4（c）所示工具栏相应按钮可以执行新建坐标命令。

（3）命令：UCS。

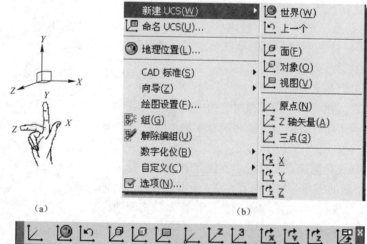

（a）                     （b）

（c）

图 7-1-4　右手定则及"新建 UCS"级联菜单

命令行提示如下：

［新建(N)/移动(M)/正交(G)/上一个(P)/恢复(R)/保存(S)/删除(D)/应用(A)/？/世界(W)］
<世界>：n

指定新 UCS 的原点或［Z 轴(ZA)/三点(3)/对象(OB)/面(F)/视图(V)/X/Y/Z] <0,0,0>:

用于定义新的用户坐标系，定义方法有以下四种：

（1）指定三个点定义一个新的 $XY$ 平面；或者指定一个点作为坐标原点，指定一个方向作为 $Z$ 轴的正方向。

（2）定义一个新的坐标原点，坐标轴的方向将取决于所选对象的类型。

（3）选择对象上的一个面作为新坐标系的 $XY$ 面。使新坐标系的 $XY$ 面与当前的视图方向垂直。

（4）沿任一坐标轴旋转当前的用户坐标系。

3. 设置视点

视点是指观察图形的方向。例如，绘制三维球体时，如果使用平面坐标系即 $Z$ 轴垂直于屏幕，此时仅能看到该球体在 $XY$ 平面上的投影；如果调整视点至东南等轴测视图，将看到的是三维球体。

（1）使用"视点预置"对话框设置视点。在"快速访问"工具栏选择"显示菜单栏"命令，在弹出的菜单中选择"视图"──"三维视图"──"视点预设"命令（DDVPOINT），打开"视点预设"对话框，如图7-1-5所示。

（2）使用"三维视图"菜单设置视点。在"快速访问"工具栏选择"显示菜单栏"命令，在弹出的菜单栏中选择"视图"──"三维视图"级联菜单中的"俯视""仰视""左视""右视""主视""后视""西南等轴测""东南等轴测""东北等轴测"和"西北等轴测"命令，可以从多个方向来观察图形，如图7-1-6所示。

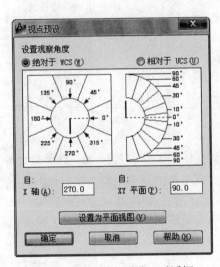

图7-1-5　"视点预设"对话框

图7-1-6　"三维视图"级联菜单

（3）使用"视图"工具栏：单击相应按钮，即可切换标准视点，如图7-1-7所示。

图7-1-7　"视图"工具栏

4. 视觉样式

可通过更改视觉样式的特性控制其效果。选择"视图"菜单──"视觉样式"级联菜单中的"二维线框""概念""消隐""真实"等命令如图7-1-8所示，可以从多个样式来显示图形。图7-1-9所示为显示的10种不同视觉样式。

（1）二维线框：通过使用直线和曲线表示边界的方式显示对象。

（2）线框：通过使用直线和曲线表示边界的方式显示对象。

（3）消隐：使用线框表示法显示对象，而隐藏表示背面的线。

（4）真实：使用平滑着色和材质显示对象。

（5）概念：使用平滑着色和古氏面样式显示对象。古氏面样式在冷暖颜色而不是明暗效果之间转换。效果缺乏真实感，但是可以更方便地查看模型的细节。

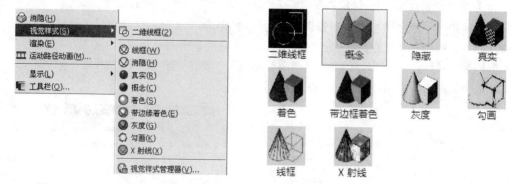

图 7-1-8 "视觉样式"级联菜单　　　　图 7-1-9 10 种不同视觉样式

（6）着色：使用平滑着色显示对象。

（7）带边缘着色：使用平滑着色和可见边显示对象。

（8）灰度：使用平滑着色和单色灰度显示对象。

（9）勾画：使用线延伸和抖动边修改器显示手绘效果的对象。

（10）X 射线：以局部透明度显示对象。

5. 三维动态观察

在 AutoCAD2012 中可以使用三维动态来观察三维实体，从而可以更方便、快捷的绘图。选择"视图"→"动态观察"命令，如图 7-1-10 所示，或单击"动态观察"工具栏 中的三种动态观察方式。

选择"自由动态观察"命令时，光标将变为动态观察光标。拖动光标时，模型将绕轴心点旋转，而视图保持固定。

6. 创建多视口

将屏幕显示划分为两个或两个以上的独立视口是 AutoCAD 最有用的特性之一。多重视口将绘图屏幕划分成多个矩形，可以用几个不同的图形区域代替单一的图形屏幕，其命令的调用有以下三种方法：

图 7-1-10 "动态观察"子菜单

（1）选择"视图"菜单→"视口"→"新建视口"命令，如图 7-1-11 所示。

（2）单击"视口"工具栏中的 "新建"按钮 。

（3）命令：VPORTS。

执行命令后打开图 7-1-12 所示对话框。

每一个视口保持当前图形的显示而与其他视口的显示无关。可以同步显示一个视口中的整个图形和另一个视口中放大的细节图形。一个视口中的视图，可以来自其他视口中的视图的不同点。可以在一个视口中开始绘制（或修改）对象而在另一视口中结束绘制（或修改）。图 7-1-13 所示为图形在不同视口下进行不同的显示。

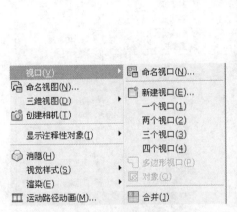

图 7-1-11 "新建视口"菜单

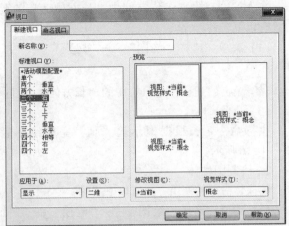

图 7-1-12 "视口"对话框

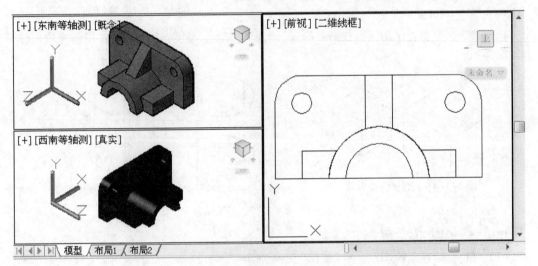

图 7-1-13 图形在不同视口显示

## 二、三维基本实体绘制

三维实体是 AutoCAD 绘图过程中另一种重要的对象，用实体建模比网格更能完整地描述对象的三维特性，如分析实体的质量特性、体积、质心等。

在 AutoCAD 中，系统提供了多种基本三维实体的创建命令，利用这些命令可以非常方便地创建多段体、长方体、楔体、圆柱体、圆锥体、球体、圆环体和棱锥面等基本三维实体。打开"建模"工具栏，如图 7-1-14 所示，或选择"绘图"菜单→"建模"命令，如图 7-1-15 所示。

图 7-1-14 "建模"工具栏

1. 绘制长方体

在 AutoCAD 经典工作空间中，长方体命令的调用方法有以下三种：

（1）菜单：选择"绘图"→"建模"→"长方体"命令。

（2）单击"建模"工具栏中的"长方体"按钮🔲。

（3）命令：box。

执行命令后，根据提示输入值，完成绘制后如图 7-1-16 所示。

2. 绘制圆柱体

圆柱体命令的调用方法有以下三种：

（1）菜单：选择"绘图"→"建模"→"圆柱体"命令。

（2）单击"建模"工具栏中的"圆柱体"按钮🔲。

（3）命令：cylinder。

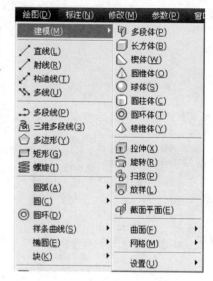

图 7-1-15 "建模"菜单

执行命令后根据提示指定圆柱圆心位置、半径或直径、高度。图 7-1-17 所示为线框显示和消隐显示。

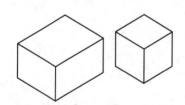

图 7-1-16 绘制的长方体

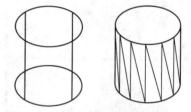

图 7-1-17 线框显示和消隐显示的圆柱体

3. 绘制楔体

楔体命令的调用的方法有以下三种：

（1）菜单：选择"绘图"→"建模"→"楔体"命令。

（2）选择"建模"工具栏中的"楔体"按钮◺。

（3）命令：wedge。

执行该命令后，命令行提示：

命令：_ wedge
指定第一个角点或 [中心(C)]：　　　　　　　//指定楔体底面的第一个角点
指定其他角点或 [立方体(C)/长度(L)]：　　　//指定楔体底面的第二个角点
指定高度或 [两点(2P)]＜　＞：　　　　　　//输入楔体的高度

其中各命令选项功能如下：

（1）中心点（C）：选择此命令选项，使用指定中心点创建楔体。

（2）立方体（C）：选择此命令选项，创建等边楔体。

（3）长度（L）：选择此命令选项，创建指定长度、宽度和高度值的楔体。

（4）两点（2P）：选择此命令选项，通过指定两点来确定楔体的高度。

图7-1-18所示为一般楔体和等边楔体。

**4. 绘制圆锥体**

圆锥体命令的调用有方法以下三种：

（1）菜单：选择"绘图"→"建模"→"圆锥体"命令。

（2）单击"建模"工具栏中的"圆锥体"按钮 。

（3）命令：cone。

执行该命令后，命令行提示：

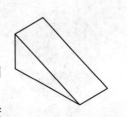
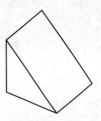

图7-1-18　绘制的楔体

```
命令：_cone
指定底面的中心点或 [三点(3P)/两点(2P)/切点、切点、半径(T)    //椭圆(E)]：  //指定底面中心点。
指定底面半径或 [直径(D)] <201.1161>：                            //指定底面半径或直径
指定高度或 [两点(2P)/轴端点(A)/顶面半径(T)] <168.7784>：T      //若圆台选择参数T
指定顶面半径 <68.2305>：                                        //指定顶面半径
指定高度或 [两点(2P)/轴端点(A)] <168.7784>：                    //指定高度
```

图7-1-19为"消隐"的圆锥和"概念"样式的圆台。

**5. 绘制球体**

球体命令的调用方法有以下三种：

（1）菜单：选择"绘图"→"建模"→"球体"命令。

（2）单击"建模"工具栏中的"球体"按钮 。

（3）命令：sphere。

执行该命令后，命令行提示：

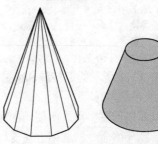

图7-1-19　"消隐"的圆锥和"概念"样式的圆台

```
命令：_sphere
指定中心点或 [三点(3P)/两点(2P)/切点、切点、半径(T)]：  //指定球体的球心
指定半径或 [直径(D)] <109.4446>：                       //指定球体的半径或直径
```

**6. 绘制圆环体：**

圆环体命令的调用方法有以下三种：

（1）菜单：选择"绘图"→"圆环体"命令。

（2）单击"建模"工具栏中的"圆环体"按钮 。

（3）命令：torus。

执行该命令后，命令行提示：

```
命令：_torus
指定中心点或 [三点(3P)/两点(2P)/切点、切点、半径(T)]：      //指定圆环体的中心
指定半径或 [直径(D)] <100.0000>：100                      //指定由圆环半径或直径
指定圆管半径或 [两点(2P)/直径(D)] <5.0000>：10            //指定圆管的半径或直径
```

图7-1-20所示为"概念"视觉样式显示的球和"消隐"显示的圆环。

**7. 绘制棱锥体**

圆环体命令的调用方法有以下三种：

（1）菜单：选择"绘图"→"建模"→"棱锥体"命令。

图 7-1-20 "概念"视觉样式的球和"消隐"显示的圆环

（2）单击"建模"工具栏中的"棱锥体"按钮 ⚟。

（3）命令：pyramid。

执行该命令后，命令行提示：

```
命令：_pyramid
4 个侧面  外切
指定底面的中心点或 [边(E)/侧面(S)]：S          //可以选择侧面来确定棱锥体
输入侧面数 <4>：6                              //输入要使用的侧面数
指定底面的中心点或 [边(E)/侧面(S)]：            //指定底面中心点
指定底面半径或 [内接(I)] <100.0000>：          //指定底面半径或直径
指定高度或 [两点(2P)/轴端点(A)/顶面半径(T)] <186.0776>：T   //输入 t（顶面半径）
指定顶面半径 <46.8243>：50                      //指定棱锥体顶部平面的半径
指定高度或 [两点(2P)/轴端点(A)] <186.0776>：150  //指定棱锥体的高度
```

图 7-1-21 所示为四棱柱和六棱台"概念"视觉样式。

### 8. 绘制多段体

可以使用创建多段线所使用的相同技巧来创建多段
体对象。圆环体命令的调用方法有以下三种：

（1）菜单：选择"绘图"→"建模"→"多段
体"命令。

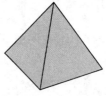 

（2）单击"建模"工具栏中的"棱锥体"按钮 🖰。　图 7-1-21 "概念"视觉样式显示的

（3）命令：Polysolid。　　　　　　　　　　　　　　　　　　　　四棱柱和六棱台

执行该命令后，命令行提示：

```
命令：_Polysolid 高度=80.0000，宽度=5.0000，对正=居中
指定起点或 [对象(O)/高度(H)/宽度(W)/对正(J)] <对象>：H   //指定多段体高度
指定高度 <80.0000>：50
高度=50.0000，宽度=5.0000，对正=居中
指定起点或 [对象(O)/高度(H)/宽度(W)/对正(J)] <对象>：W   //指定多段体宽度
指定宽度 <5.0000>：6
高度=50.0000，宽度=6.0000，对正=居中
指定起点或 [对象(O)/高度(H)/宽度(W)/对正(J)] <对象>：      //指定多段体起点
指定下一个点或 [圆弧(A)/放弃(U)]：A            //要创建曲线段，请在命令提示下输入 a（圆弧）
指定圆弧的端点或 [方向(D)/直线(L)/第二点(S)/放弃(U)]：   //并指定下一个点
指定下一个点或 [圆弧(A)/放弃(U)]：指定圆弧的端点或 [闭合(C)/方向(D)/直线(L)/第二
点(S)/放弃(U)]：L                              //将曲线段改为直线段
指定下一个点或 [圆弧(A)/放弃(U)]：
指定下一个点或 [圆弧(A)/闭合(C)/放弃(U)]：
```

图 7-1-22 所示为多段体"灰度"视觉样式显示。

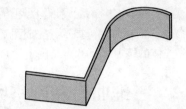

图 7-1-22　"灰度"视觉样式显示多段体

**任务实施**

下面通过实例来介绍如何创建图 7-1-23 所示用户坐标系。

操作步骤如下：

（1）选择"视图"→"三维视图"→"西南等轴测"命令，转换到西南等轴测视图。

（2）单击"建模"工具栏中的"长方体"按钮，以坐标原点为起点，绘制一个长为 80，宽为 60，高为 70 的长方体，效果如图 7-1-23（a）所示。

（3）选择"工具"→"新建"→"原点"命令，单击长方体右上顶点，则坐标原点新建至图 7-1-23（b）所示样式。

（4）选择"工具"→"新建"→"X 轴"命令，则指定坐标绕 $X$ 轴的旋转角度 <90>，如图 7-1-23（c）所示。

（5）选择"工具"→"新建"→"原点"命令，指定新原点：（-40，-35，0）。如图 7-1-23（d）所示。

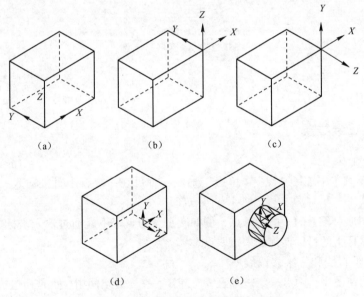

图 7-1-23　"创建用户坐标系"实例

（6）单击"建模"工具栏中的"圆柱"按钮，命令行提示：

指定圆柱体底面的中心点:为<0,0,0>：

指定圆柱体底面的半径或 [直径(D)]：15

指定圆柱体高度或 [另一个圆心(C)]：20。　　//得到图 7-1-23(e)所示模型。

由此可见，可以根据需要任意创建用户坐标系，使作图更方便，更快捷。

根据实体工具栏或下拉菜单命令，结合命令行提示，完成图 7-1-1 中所示长方体、楔体、圆锥、圆台、球、圆环、棱锥体、多段体的练习，尺寸自己确定，并练习不同的视觉样式显示。

# 任务2  三维曲面和网格绘制

在 AutoCAD 2012 中，用户可以使用点、直线、样条曲线、三维多段线、曲面及三维网格等命令绘制简单的三维图形。AutoCAD 的网格对象由面和镶嵌面组成，网格对象不具有三维实体的质量和体积特征，但网格对象比对应的实体和曲面更容易进行模塑和形状重塑。

**任务引入**

图 7-2-1 图形是如何形成的，它和三维实体有什么不同呢？下面介绍典型的创建三维曲线、曲面及网格的方法。

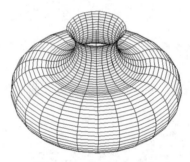

图 7-2-1  "网格"实例

**相关知识**

## 一、绘制三维线条

1. 绘制三维点

在"绘图"菜单中选择"点""单点"命令，都可在命令行中直接输入三维坐标即可绘制三维点。

由于三维图形对象上的一些特殊点，例如交点、中点等不能通过输入坐标的方法来实现，可以采用三维坐标下的目标捕捉法来拾取点。

2. 绘制三维直线和三维多段线

在二维平面绘图中，两点决定一条直线。同样，在三维空间中，也是通过指定两个点来绘制三维直线。

在"绘图"工具栏单击"直线"按钮，然后输入这两个点坐标即可。

3. 绘制三维样条曲线

在三维坐标系下，选择"绘图"——"样条曲线"命令，或在"绘图"工具栏中单击"样条曲线"按钮，可以绘制三维样条曲线，这时定义样条曲线的点不是共面点，而是三维空间点。

例如：经过点$(0,0,0)$、$(10,10,10)$、$(0,0,20)$、$(-10,-10,30)$、$(0,0,40)$、$(10,10,50)$和$(0,0,60)$绘制的三维样条曲线如图7-2-2所示。

操作步骤如下：

（1）选择"视图"→"三维视图"→"东南轴测图"命令

（2）单击"绘图工具栏"中的"样条曲线"按钮，命令行提示：

```
命令：_spline
当前设置：方式＝拟合　节点＝弦
指定第一个点或 [方式(M)/节点(K)/对象(O)]：0,0,0
输入下一个点或 [起点切向(T)/公差(L)]：10,10,10
输入下一个点或 [端点相切(T)/公差(L)/放弃(U)]：0,0,20
输入下一个点或 [端点相切(T)/公差(L)/放弃(U)/闭合(C)]：-10,-10,30
输入下一个点或 [端点相切(T)/公差(L)/放弃(U)/闭合(C)]：0,0,40
输入下一个点或 [端点相切(T)/公差(L)/放弃(U)/闭合(C)]：10,10,50
输入下一个点或 [端点相切(T)/公差(L)/放弃(U)/闭合(C)]：0,0,60
输入下一个点或 [端点相切(T)/公差(L)/放弃(U)/闭合(C)]：
```

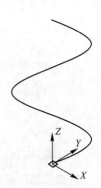

图7-2-2　绘制三维样条曲线

**4. 绘制三维螺旋线**

螺旋就是开口的二维或三维螺旋。在创建螺旋时，可以指定底面半径、顶面半径、高度、圈数、圈高、扭曲方向。如果指定一个值来同时作为底面半径和顶面半径，将创建圆柱形螺旋。默认情况下，为顶面半径和底面半径设定的值相同。不能指定0来同时作为底面半径和顶面半径。如果指定不同的值来作为顶面半径和底面半径，将创建圆锥形螺旋。如果指定的高度值为0，则将创建平面二维螺旋。

创建螺旋线的步骤如下：

（1）选择"绘图"→"螺旋"命令，或单击"建模"工具栏中的"螺旋"按钮。

（2）指定螺旋底面的中心点。

（3）指定底面半径。

（4）指定顶面半径或按【Enter】键以指定与底面半径相同的值。

（5）指定螺旋高度。

按下面操作绘制螺旋线，结果如图7-2-3所示。

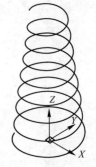

图7-2-3　绘制三维螺旋线

```
命令：_Helix
圈数＝3.0000　　　扭曲＝CCW
指定底面的中心点：0,0,0
指定底面半径或 [直径(D)] <296.6115>：20
指定顶面半径或 [直径(D)] <20.0000>：10
指定螺旋高度或 [轴端点(A)/圈数(T)/圈高(H)/扭曲(W)] <60.0000>：T
输入圈数 <3.0000>：8
指定螺旋高度或 [轴端点(A)/圈数(T)/圈高(H)/扭曲(W)] <60.0000>：80
```

## 二、绘制三维网格

**1. 绘制平面曲面**

在 AutoCAD 2012 中，在"快速访问"工具栏选择"显示菜单栏"命令，选择"绘图"菜

单—→"建模"—→"曲面"—→"平面"命令，或单击"建模"工具栏的"平面曲面"按钮
，可以绘制平面曲面，如图 7-2-4 所示。

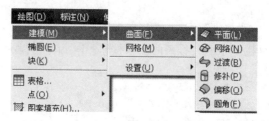

图 7-2-4 "曲面"级联菜单

2. 绘制网格图元

网格模型由多边形表示（包括三角形和四边形）来定义三维形状的顶点、边和面组成。与实体模型不同，网格没有质量特性。但是，与三维实体一样，从开始，用户可以创建诸如长方体、圆锥体和棱锥体等图元网格形式。可以通过不适用于三维实体或曲面的方法来修改网格模型。例如，可以应用锐化、分割以及增加平滑度。可以拖动网格子对象（面、边和顶点）使对象变形。要获得更细致的效果，可以在修改网格之前优化特定区域的网格。

选择"绘图"菜单—→"建模"—→"网格"—→"图元"命令，在菜单中选择所需的网格图元命令来进行操作，如图 7-2-5 所示，例如"长方体""楔体""圆锥体""球体""圆柱体""圆环体""棱锥体"。或打开"平滑网格"工具栏，如图 7-2-6 所示。另外若用户使用"三维基础"或"三维建模"工作空间时，可以从功能区"常用"选项卡的"创建"面板中单击用于绘制定义网格图元的工具按钮，如图 7-2-7 所示。

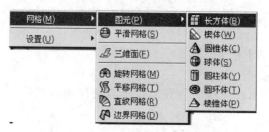

图 7-2-5 "网格"菜单

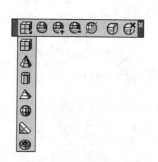

图 7-2-6 "平滑网格"工具栏

图 7-2-7 "常用"选项卡

图 7-2-8 为创建的圆锥网格图元，图 7-2-8（a）所示为"未消隐"状态下的显示效果，图 7-2-8（b）所示为"消隐"状态下的显示效果。

AutoCAD 2012 还可以处理网格对象。将三维实体、曲面和传统网格对象转换为增强的网格对象，以便利用"平滑网格"工具栏的平滑化、优化、锐化和分割等功能。

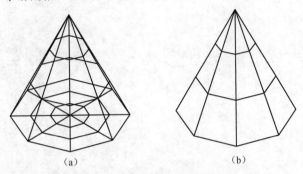

(a) 　　　　　　　　　(b)

图 7-2-8　创建的圆锥网格图元

### 3. 绘制旋转网格

绘制三维网格包括：绘制旋转网格、绘制平移网格、绘制直纹网格、绘制边界网格等方法。下面以绘制旋转网格为例来介绍其使用方法。

选择"绘图"菜单→"建模"→"网格"级联菜单中→"旋转网格"命令，如图 7-2-9 所示，或在"命令"提示下执行 REVSURF 命令，可以通过绕轴旋转轮廓来创建网格。

图 7-2-9　"旋转网格"级联子菜单

创建旋转网格的步骤如下：

（1）选择"绘图"→"建模"→"网格"→"旋转网格"命令。

（2）指定路径曲线或轮廓。选择直线、圆弧、圆或二维/三维多段线，或样条曲线。

（3）指定旋转轴。选择直线或打开二维或三维多段线。轴方向不能平行于原始对象的平面。

（4）指定起点角度，然后指定包含角。如果设定为非零值，将以生成路径曲线的某个偏移开始网格旋转。指定起点角度，以生成路径曲线的某个偏移开始网格旋转。包含角是路径曲线绕轴旋转所扫过的角度。

### 任务实施

创建旋转网格的步骤如下：

（1）在东南轴测图完成多段线和轴线，如图 7-2-10 所示。

（2）用 SURFTAB1 和 SURFTAB2 命令控制生成网格密度为 25。

（3）选择"绘图"→"建模"→"网格"→"旋转网格"命令，命令行提示：

命令：SURFTAB1

输入 SURFTAB1 的新值 <6>：25

命令：SURFTAB2

输入 SURFTAB2 的新值 <6>：25

命令：_revsurf

当前线框密度：SURFTAB1＝25  SURFTAB2＝25

选择要旋转的对象：

选择定义旋转轴的对象：

指定起点角度 <0>：

指定包含角 (┾=逆时针,┽=顺时针) <360>：

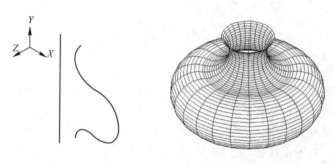

图 7-2-10　创建的旋转网格

# 任务 3　二维图形转换为三维模型

在 AutoCAD 2012 中，通过现有的直线和曲线来创建实体和曲面，这些现有的直线和曲面对象定义了实体或曲面的轮廓和路径。拉伸二维轮廓曲线或者将二维曲线绕指定轴旋转，也可以创建三维实体。

任务引入

图 7-3-1 为立体五角星，在实体工具栏中没有这样的图形，那么应该怎样解决呢？对于不规则的实体图形如何解决呢？下面介绍由二维图形转换为三维模型的操作步骤。

视频

绘制图 7-3-1

图 7-3-1　五角星奖章

**相关知识**

## 一、面域

### 1. 由二维图形创建面域

用于创建面域的二维图形必须是封闭的对象，这些对象可以是圆、椭圆、封闭的二维多段线或封闭的样条曲线等。用此方法创建面域，命令的调用方法有以下三种：

（1）菜单：选择"绘图"→"面域"命令。

（2）单击"绘图"工具栏中的"面域"按钮◙。

（3）命令：region。

### 2. 用边界创建面域

用边界定义面域是指利用图形中已有的对象边界来创建面域。命令的调用方法有以下两种：

（1）菜单：选择"绘图"→"边界"命令。

（2）命令：boundary。

执行该命令后，弹出"边界创建"对话框，如图7-3-2所示，在该对话框中的"对象类型"下拉列表框中选择"面域"选项，然后单击该对话框左上角的"拾取点"按钮，系统切换到绘图窗口，在封闭区域的内部指定一点，按【Enter】键后封闭的区域即可被创建成面域。

用户可以用复制、移动、阵列等编辑命令编辑面域图形。面域对象可以用分解命令转换成线、圆、弧等对象。

图7-3-2 "边界创建"对话框

### 3. 布尔运算

面域对象具有很多平面图形所没有的特性，例如面积、质心、惯性矩等，用户可以对这些特性进行编辑。在 AutoCAD 中，使用布尔运算可以对面域图形进行并集、差集和交集运算，对于三维实体同样可以进行并集、差集和交集等布尔运算。以图7-3-3所示实体工具栏的顺序进行介绍。

并集 差集 交集

图7-3-3 "并集、差集和交集"所在工具栏

1）并集

并集运算是将多个面域对象转换成一个面域对象或将两个以上的实体组合为一个复合式体，如图7-3-4和图7-3-5所示。

在 AutoCAD 经典工作空间中，并集命令的调用方法有以下三种：

（1）菜单：选择"修改"→"实体编辑"→"并集"命令。

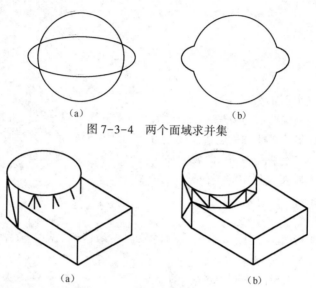

图 7-3-4　两个面域求并集

（a）　　　　　　　　　　　　　（b）

图 7-3-5　两个实体做并集运算

（2）单击"实体编辑"工具栏中的"并集"按钮 ∞。

（3）命令：Union。

2）差集

差集运算是从一个或多个面域对象中减去另一个或多个面域对象，从而创建新的面域对象的运算。或用于从一个实体中减去另一个或多个实体，形成一个新的实体，如图 7-3-6 和 7-3-7 所示。

在 AutoCAD 经典空间中，差集命令的调用方法有以下三种：

（1）菜单：选择"修改"→"实体编辑"→"差集"命令。

（2）单击"实体编辑"工具栏中的"差集"按钮 ⊙。

（3）命令：Subtract。

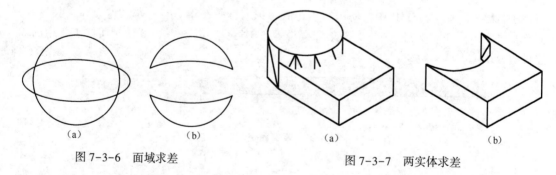

（a）　　　　　　　　　（b）　　　　　　　（a）　　　　　　　　　（b）

图 7-3-6　面域求差　　　　　　　图 7-3-7　两实体求差

3）交集

交集运算是将多个面域或实体的重叠部分保留，并将不重叠部分删除，从而创建新的面域或实体的运算，如图 7-3-8 和 7-3-9 所示。

在 AutoCAD 经典工作空间中，交集命令的调用方法有以下三种：

（1）选择菜单："修改"—→"实体编辑"—→"交集"命令。

（2）单击"实体编辑"工具栏中的"交集"按钮 ⊚ 。

（3）命令：Intersect。

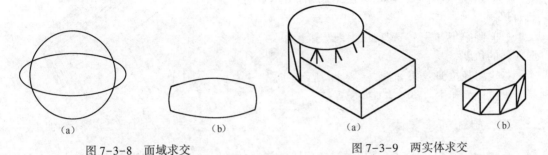

图 7-3-8　面域求交　　　　　　　图 7-3-9　两实体求交

## 二、拉伸创建实体

在 AutoCAD 中，用户可以将封闭的二维图形按指定高度或路径进行拉伸，来创建实体对象，如图 7-3-10 所示。拉伸命令的调用方法有以下三种：

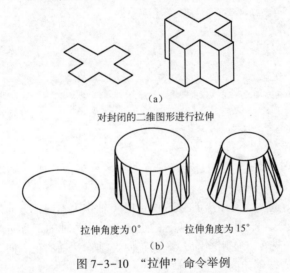

（a）
对封闭的二维图形进行拉伸

拉伸角度为 0°　　　拉伸角度为 15°
（b）
图 7-3-10　"拉伸"命令举例

（1）菜单：选择"绘图"—→"建模"—→"拉伸"命令。

（2）单击"建模"工具栏中的"拉伸"按钮 🖽 。

（3）命令：extrude。

执行该命令后，命令行提示：

```
命令：_extrude
当前线框密度：ISOLINES=8                    //系统提示
选择要拉伸的对象：                          //选择可拉伸的二维图形
选择要拉伸的对象：                          //按【Enter】键结束对象选择
指定拉伸的高度或[方向(D)/路径(P)/倾斜角(T)]＜＞：//指定拉伸高度
```

命令行提示各选项含义如下：

（1）方向（D）：选择此命令选项，通过指定两个点来确定拉伸的高度和方向。

（2）路径（P）：选择此命令选项，将沿选定的对象进行拉伸。

（3）倾斜角（T）：选择此命令选项，输入拉伸对象时倾斜的角度。

指定路径拉伸效果如图 7-3-11 所示，需要注意的是，被拉伸面和拉伸路径应垂直。

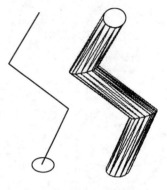

图 7-3-11　指定路径拉伸

### 三、旋转创建实体

在 AutoCAD 中，用户还可以通过绕旋转轴旋转二维对象来创建三维实体，旋转命令的调用方法有以下三种：

（1）菜单：选择"绘图"→"建模"→"旋转"命令。

（2）单击"建模"工具栏中的"旋转"按钮 。

（3）命令：revolve。

执行旋转命令后，命令行提示：

| | |
|---|---|
| 命令：_ revolve | |
| 当前线框密度：ISOLINES＝4 | //系统提示 |
| 选择要旋转的对象： | //选择旋转的对象 |
| 选择要旋转的对象： | //按【Enter】键结束对象选择 |
| 指定轴起点或根据以下选项之一定义轴 [对象(O)/X/Y/Z] ＜对象＞： | //指定旋转轴的起点 |
| 指定轴端点： | //指定旋转轴的端点 |
| 指定旋转角度或 [起点角度(ST)] ＜360＞： | //输入旋转角度 |

命令行提示各选项含义如下：

（1）对象（O）：选择此命令选项，选择现有的直线或多段线中的单条线段定义轴，这个对象将绕该轴旋转。

（2）X：选择此命令选项，使用当前 UCS 的正向 X 轴作为轴的正方向。

（3）Y：选择此命令选项，使用当前 UCS 的正向 Y 轴作为轴的正方向。

（4）Z：选择此命令选项，使用当前 UCS 的正向 Z 轴作为轴的正方向。

图 7-3-12 所示为旋转创建的三维实体。

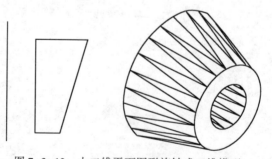

图 7-3-12　由二维平面图形旋转成三维模型

#### 四、扫掠创建实体

扫掠创建实体是通过沿路径扫掠二维对象或者三维对象或子对象来创建三维实体或曲面，其命令的调用方法有以下三种：

（1）菜单：选择"绘图"——"建模"——"扫掠"命令。

（2）单击"建模"工具栏中的"旋转"按钮 ⏦。

（3）命令：sweep。

选择扫掠对象时，该对象自动与作为路径的对象对齐。如果扫掠的对象不是封闭图形，执行"扫掠"命令后得到的是网格面，否则得到三维实体。

例如：图7-3-13所示为将直径为5的圆，按直径为30，圈数为5，高度为100的螺旋线扫掠。

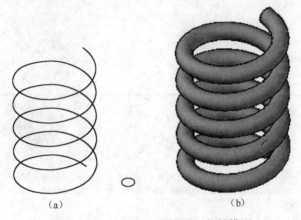

（a）　　　　　　　　　　　　（b）

图7-3-13　创建"螺旋线"扫掠模型

命令行提示：

命令：_sweep
当前线框密度：ISOLINES=4,闭合轮廓创建模式=实体
选择要扫掠的对象或[模式(MO)]:_MO 闭合轮廓创建模式[实体(SO)/曲面(SU)]<实体>:_SO
选择要扫掠的对象或[模式(MO)]:找到 1 个　　　　　//选择要扫掠的对象半径为5的圆
选择要扫掠的对象或[模式(MO)]:　　　　　　　　　 //按【Enter】键
选择扫掠路径或[对齐(A)/基点(B)/比例(S)/扭曲(T)]:A　// 选择对齐,确定垂直于路径扫掠
扫掠前对齐垂直于路径的扫掠对象[是(Y)/否(N)]<是>:Y　//选择螺旋线
选择扫掠路径或[对齐(A)/基点(B)/比例(S)/扭曲(T)]:　　//按【Enter】键
命令：_vscurrent
输入选项[二维线框(2)/线框(W)/隐藏(H)/真实(R)/概念(C)/着色(S)/带边缘着色(E)/灰度
(G)/勾画(SK)/X 射线(X)/其他(O)]<真实>:_G　　　　　// 设置视觉样式

#### 五、放样创建实体

放样创建实体是通过在包含两个或更多横截面轮廓的一组轮廓中对轮廓进行放样来创建三维实体或曲面。其命令的调用方法有以下三种：

（1）菜单：选择"绘图"——"建模"——"放样"命令。

（2）单击"建模"工具栏中的"放样"按钮 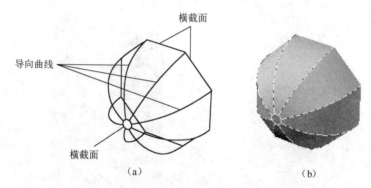。

（3）命令：loft。

横截面轮廓可定义所生成的实体对象的形状。可以是开放曲线或闭合曲线。开放曲线可创建曲面，而闭合曲线可创建实体或曲面。路径是为放样操作指定路径，以更好地控制放样对象的形状。为获得最佳结果，路径曲线应始于第一个横截面所在的平面，止于最后一个横截面所在的平面。

执行 loft 命令，按放样次序选择截面后，会出现"选中了 2 个横截面输入选项［导向（G）/路径（P）/仅横截面（C）/设置（S）］<仅横截面>:"的提示信息。

提示信息含义如下：

（1）导向（G）：指定控制放样实体或曲面形状的导向曲线。图 7-3-14 所示为带有导向曲线连接的横截面放样得到的实体。

图 7-3-14　以导向曲线连接的横截面放样

（2）路径（P）：指定放样实体或曲面的单一路径。图 7-3-15 所示为以带有路径曲线连接横截面放样到的实体。

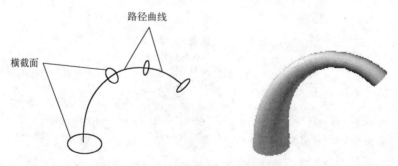

图 7-3-15　以带有路径曲线的连接横截面放样

（3）仅横截面（C）：在不使用导向或路径的情况下，创建放样对象。

（4）设置（S）：显示"放样设置"对话框，如图 7-3-16 所示，可以设置横截面上的曲面控制。

例如，三个横截面依次为半径 20、30、20 的圆，相距高度为 30，通过放样创建图 7-3-17 所示的实体。

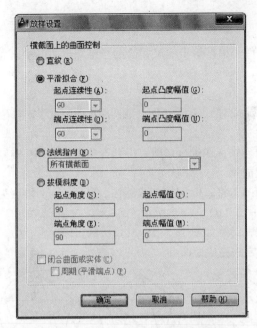

图 7-3-16 "放样设置"对话框

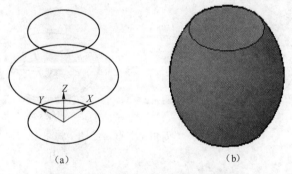

(a)          (b)

图 7-3-17 通过"横截面"放样实例

命令:_loft
当前线框密度: ISOLINES=4,闭合轮廓创建模式=实体
按放样次序选择横截面或[点(PO)/合并多条边(J)/模式(MO)]:_MO 闭合轮廓创建模式[实体
(SO)/曲面(SU)]<实体>:_SO
按放样次序选择横截面或[点(PO)/合并多条边(J)/模式(MO)]:找到 1 个
按放样次序选择横截面或[点(PO)/合并多条边(J)/模式(MO)]:找到 1 个,总计 2 个
按放样次序选择横截面或[点(PO)/合并多条边(J)/模式(MO)]:    //找到 1 个总计 3 个
按放样次序选择横截面或[点(PO)/合并多条边(J)/模式(MO)]:    //选中了 3 个横截面(依
                               //次选择 3 个横截面)
输入选项[导向(G)/路径(P)/仅横截面(C)/设置(S)]<仅横截面>:S //设置平滑拟合
命令:_vscurrent
输入选项[二维线框(2)/线框(W)/隐藏(H)/真实(R)/概念(C)/着色(S)/带边缘着色(E)/灰度
(G)/勾画(SK)/X 射线(X)/其他(O)]<隐藏>:_R          //选择视觉样式

**任务实施**

要求：建立新图形文件，根据给出的尺寸绘制三维图形。其中五角星拉伸角度为30°。高度为1，圆盘厚度为1。

绘图步骤如下：

（1）画 φ30 圆，再画圆 φ22 的内接五边形（或使用点的定数等分画五边形），如图 7-3-18（a）所示。

（2）将五个顶点分别连线，在进行修剪，得到五角星，如图 7-3-18（b）、（c）所示。

（3）将五角星创建成面域。

（4）选择东南轴测视图，将 φ30 圆拉伸成圆柱，高度为1，角度为0，五角星拉伸高度为1，角度为30°，如图 7-3-18（d）、（e）所示。

（5）将两部分做并集，结果如图 7-3-18（f）所示。

请考虑是否还有其他方法完成此图。

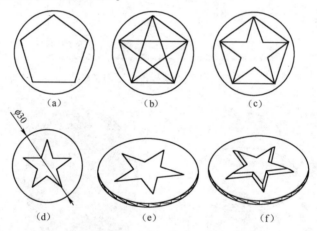

图 7-3-18 "五角星奖章"绘图步骤

**拓展训练**

1. 按图 7-3-19 所示手柄的尺寸图，应用旋转创建实体完成其三维图形。

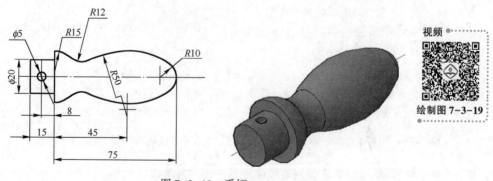

图 7-3-19 手柄

2. 按图 7-3-20 所示视图的尺寸，创建实体完成连杆三维图形。

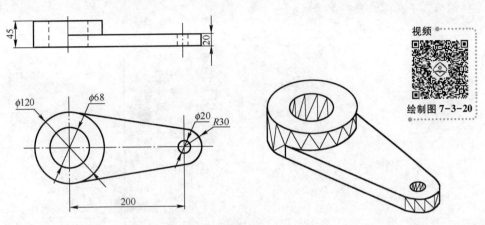

视频

绘制图 **7-3-20**

图 7-3-20　连杆

# 任务 4　三维实体操作与编辑

**任务引入**

在实际的工程设计中，所需的模型往往是复杂多变的，这就需要运用操作与编辑命令，对三维对象进行阵列、镜像、对齐以及倒角圆角等操作。如图 7-4-1 所示的手轮，要完成的实体造型会用到三维编辑操作。

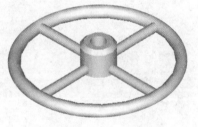

图 7-4-1　手轮三维造型

**相关知识**

在"修改"→"三维操作"级联菜单中提供了实体操作命令，如图 7-4-2（a）所示。同样在"建模"工具栏也提供了经常使用的操作按钮，如图 7-4-2（b）所示。

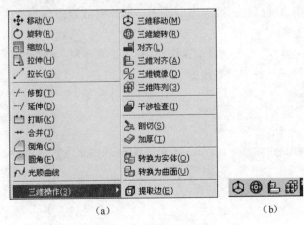

| 移动(V) | 三维移动(M) |
| 旋转(R) | 三维旋转(R) |
| 缩放(L) | 对齐(L) |
| 拉伸(H) | 三维对齐(A) |
| 拉长(G) | 三维镜像(D) |
| | 三维阵列(3) |
| 修剪(T) | |
| 延伸(D) | 干涉检查(I) |
| 打断(K) | |
| 合并(J) | 剖切(S) |
| 倒角(C) | 加厚(T) |
| 圆角(F) | |
| 光顺曲线 | 转换为实体(O) |
| | 转换为曲面(U) |
| 三维操作(3)　▶ | 提取边(E) |

（a）　　　　　　　　　　　（b）

图 7-4-2　"三维操作"级联菜单

在"修改"→"实体编辑"级联菜单中提供了实体编辑命令，如图 7-4-3 所示，对应的 "实体编辑"工具栏如图 7-4-4 所示。

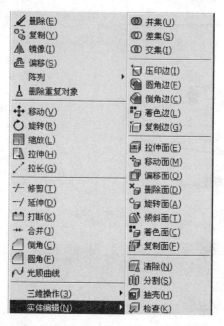

图 7-4-3 "实体"编辑级联菜单

图 7-4-4 "实体编辑"工具栏

下面介绍一些常用的操作和编辑命令。

## 一、三维阵列

在 AutoCAD 中，用户可以在三维空间中使用环形阵列或矩形阵列方式复制对象。阵列命令的调用方法有以下三种：

（1）菜单：选择"修改"→"三维操作"→"三维阵列"命令。

（2）单击"建模"工具栏中的按钮 。

（3）命令：3Darray。

执行旋转命令后，命令行提示：

选择对象：

输入阵列类型：[矩形(R)/环形(P)]：　　　//根据系统提示输入参数或单击"矩形"选项。

### 1. 矩形阵列

执行三维阵列命令后，命令行提示：

命令：_3Darray

选择要阵列的对象：　　　　　　　　　　//选择旋转的对象

输入阵列类型：[矩形(R)/环形(P)]：　　　//输入阵列类型：矩形(R)

可以以矩形阵列方式复制对象，此时需要依次指定阵列的行数、列数、层数、阵列的行间距、列间距。

例如，创建图 7-4-5 所示的实体模型，学习矩形阵列的方法。

操作步骤如下：

（1）以点（0，0，0）为第一个角点，绘制长为 150，宽为 80，高 20 的长方体，如图 7-4-5（a）所示。

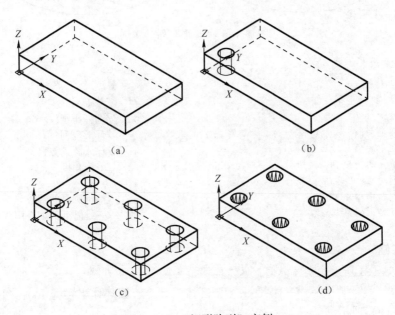

图 7-4-5　"矩形阵列"实例

（2）选择"绘图"→"实体"→"圆柱体"命令，以点（17，15，0）为中心点，绘制圆柱半径为 8，高为 20，如图 7-4-5（b）所示。

（3）选择"修改"→"三维操作"→"三维阵列"命令，选择矩形阵列，输入行数 2，列数 3，层数 1，行间距 50，列间距 58，阵列结果如图 7-4-5（c）所示。

（4）选择"修改"→"实体编辑"→"差集"命令，对原图形与新绘制的六个圆柱作差集运算，然后选择"视图"→"消隐"命令，得到图 7-4-5（d）所示图形。

2. 环形阵列

执行三维阵列命令后，命令行提示：

```
命令:_3Darray
选择要阵列的对象:                    //选择旋转的对象
输入阵列类型:[矩形(R)/环形(P)]:       //输入阵列类型:环形(P)
```

此时以环形阵列方式复制对象，此时需要输入阵列的项目个数，并指定环形阵列的填充角度，确认是否进行自身旋转，然后指定阵列的中心点及旋转轴上的另一点，确定旋转轴。

例如，圆盘内、外圆半径分别为 $R33$ 和 $R55$，高度为 10。在 $R44$ 的位置的小孔 $k$ 半径为 $R5$，通过"环形阵列"成八个小圆柱，再求差集，得到图 7-4-6 所示图形。

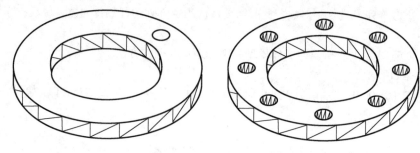

图 7-4-6 "环形阵列"实例

操作步骤如下：

命令：_3darray
选择对象:找到 1 个
选择对象：ㅤㅤㅤㅤㅤㅤㅤㅤㅤㅤㅤㅤㅤ//选择小圆柱
输入阵列类型[矩形(R)/环形(P)]<矩形>:P　　//环形阵列
输入阵列中的项目数目: 8　　　　　　　　　//输入阵列数目
指定要填充的角度(+=逆时针, -=顺时针)<360>:　　//阵列角度
旋转阵列对象? [是(Y)/否(N)]<Y>:Y
指定阵列的中心点:　　　　　　　　　　　//捕捉圆盘的圆心
指定旋转轴上的第二点:　　　　　　　　　//三维阵列的中心用两点来确定

### 任务实施

创建图 7-4-1 所示的实体模型，具体步骤如下：

（1）选择"绘图"→"实体"→"圆环体"命令，圆环体半径为 100，圆管半径为 8，如图 7-4-7（a）所示。

（2）选择"工具"→"新建"→"原点"命令，创建用户坐标系将原点置于由圆环体中心，选择"绘图"→"实体"→"圆柱体"命令，圆柱体中心坐标值为（0，0，30），半径为 22.5，高为 38（高度为 Z 轴负向），得到图 7-4-7（b）所示图形。

（3）选择"工具"→"新建"→"X 轴"命令，创建 USC 的 XY 平面（绕 X 轴旋转 90°）。选择"绘图"→"建模"→"圆柱体"命令，绘制小圆柱体中心（0，0，0），半径为 6，高度为 100，如图 7-4-7（c）所示。

（4）选择"修改"→"三维操作"→"三维阵列"命令，选择环形阵列，输入阵列的项目个数为 4，指定环形阵列的填充角度（默认 360°），确认是进行自身旋转，然后指定阵列的中心点或旋转轴（Y 轴）及轴上的另一点，确定旋转轴，即得到图 7-4-7（d）所示图形。

（5）选择"修改"→"实体编辑"→"并集"命令，对圆环与新绘制的圆柱及阵列后的四个小圆柱作并集运算。

（6）选择"工具"→"新建"→"X 轴"命令，创建 USC 的 XY 平面。选择"绘图"→"建模"→"圆柱体"命令，绘制小圆柱体中心（0，0，0），半径为 10，高度为 30。然后选择"修改"→"实体编辑"→"差集"命令，从整体中减去中间的小柱体，结果如图 7-4-7（e）所示。

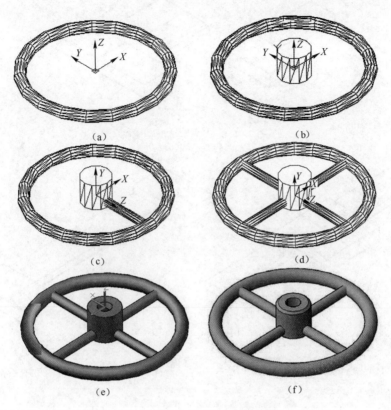

图 7-4-7 "手轮"绘制过程

(7) 倒角距离为 3,选择"视图"→"视觉样式"→"概念"命令,得到图 7-4-7(f)所示图形。

## 二、三维镜像与对齐

### 1. 三维镜像

在 AutoCAD 中,用户可以用三维镜像的方法对对称的图形进行复制。镜像命令的调用方法有以下两种:

(1) 菜单:选择"修改"→"三维操作"→"三维镜像"命令。

(2) 命令:mirror3d。

针对图 7-4-7 所示图形执行三维镜像命令后,命令行提示:

```
_mirror3d
选择对象:                                        //选择两个长方体
指定镜像平面 (三点) 的第一个点或[对象(O)/最近的(L)/Z 轴(Z)/视图(V)/XY 平面(XY)/YZ 平
面(YZ)/ZX 平面(ZX)/三点(3)]<三点>:            // ZX(根据坐标系选择 ZX 面)
指定 ZX 平面上的点<0,0,0>:                    //选择对称线上长方体上的点
是否删除源对象? [是(Y)/否(N)]<否>:            //不删除源对象或选择"否"选项
```

练习:完成图 7-4-8 和图 7-4-9 所示图形的镜像。

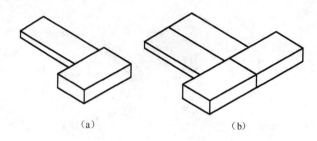

图 7-4-8 "三维镜像"案例

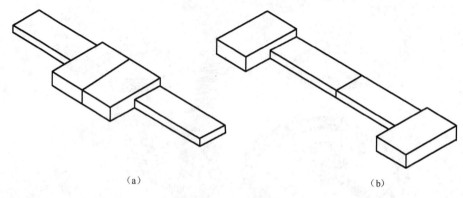

（a） （b）

图 7-4-9 "三维镜像"练习

2. 对齐位置

对齐操作是指将指定对象以某个对象为基准进行对齐。对齐命令的调用方法有以下两种：

（1）菜单：选择"修改"→"三维操作"→"三维对齐"命令，如图 7-4-10 所示。

（2）命令：3dalign。

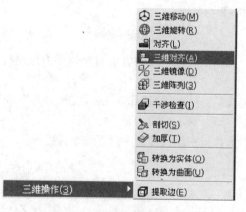

图 7-4-10 "三维对齐"菜单

命令行提示：

选择对象： //选择要移动的对象

| 指定第一个源点： | //选择需要移动的第一个点(1点) |
| --- | --- |
| 指定第一个目标点： | //选择需要移动到的位置点(2点) |
| 指定第二个源点： | //选择需要移动的第二个点(3点) |
| 指定第二个目标点： | //选择需要移动到的位置点(4点) |
| 指定第三个源点或<继续>： | //选择需要移动的第三个点(5点) |
| 指定第三个目标点： | //选择需要移动到的位置点(6点)(按回车键) |
| 是否基于对齐点缩放对象？[是(Y)/否(N)]<否>： | //默认否(按回车键) |

使用该命令首先选择要移动的对象，然后提示指定最多需要确定三对点，每对点都包括一个源点和目标点。其中第一对点定义对象的移动，第二对点定义 2D 与 3D 变换和对象的旋转，第三对点定义对象不明确的 3D 变换，如图 7-4-11 所示。

不能将"先选择后执行"对象选择方式用于 ALIGN 命令。

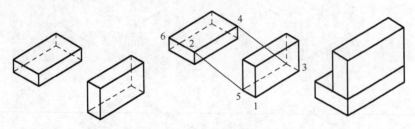

图 7-4-11　"三维对齐"实例

## 三、三维倒角、圆角

选择"修改"➝"倒角"命令，可以对实体的棱边修倒角，从而使在两相邻面间生成一个平坦的过渡面。选择菜单"修改"➝"圆角"命令，可以为实体的棱边修圆角，从而在两个相邻面生成一个圆滑过渡的曲面。

具体步骤如下：

（1）绘制长为 24，宽为 20，高 10 的长方体，选择"修改"➝"圆角"命令，命令行提示：

```
命令：_fillet
当前设置：模式=修剪,半径=3.0000
选择第一个对象或[放弃(U)/多段线(P)/半径(R)/修剪(T)/多个(M)]://
输入圆角半径<3.0000>：          //若当前显示半径不是所需要的,输入值3
选择边或[链(C)/半径(R)]：        //拾取边。
选择边或[链(C)/半径(R)]：        //选定1个边用于圆角
```

结果如图 7-4-12（a）所示。

（2）选择"绘图"➝"建模"➝"圆柱体"命令，捕捉圆角圆心为中心点，绘制圆柱半径为 1，高为 10，结果如图 7-4-12（b）所示。

（3）选择"视图"➝"东北轴测图"命令，选择"修改"➝"倒角"命令，命令行提示：

```
命令：_chamfer
("修剪"模式)当前倒角距离1=0.5000,距离2=0.8000
选择第一条直线或[放弃(U)/多段线(P)/距离(D)/角度(A)/修剪(T)/方式(E)/多个(M)]：
```

输入曲面选择选项[下一个(N)/当前(OK)]<当前>:     //选择应倒角的棱线
指定基面的倒角距离<0.5000>:     //默认当前
指定其他曲面的倒角距离<0.8000>:     //输入倒角距离0.8
选择边或[环(L)]:选择边或[环(L)]:     //输入另一个距离0.5
    //选择棱线

（4）选择"修改"→"实体编辑"→"差集"命令，将长方体与圆柱体作差集。完成后如图7-4-12（c）、（d）所示。

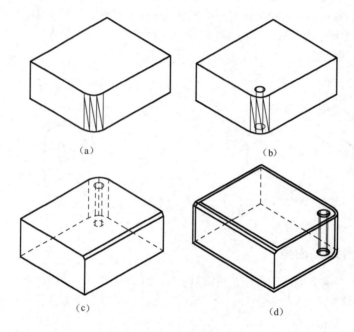

（a）                （b）

（c）                （d）

图 7-4-12    三维圆角和倒角

## 四、对实体抽壳

执行抽壳操作，可以从三维实体对象中以指定的厚度创建壳体或中空的墙体。系统通过将现有的面向原位置的内部或外部偏移来创建新的面。

抽壳命令的调用方法有以下三种：

（1）菜单：选择"修改"→"实体编辑"→"抽壳"命令。

（2）单击"实体编辑"工具栏中的"抽壳"按钮 。

（3）命令：solidedit。

命令行提示：

命令：_solidedit
实体编辑自动检查： SOLIDCHECK=1
输入实体编辑选项[面(F)/边(E)/体(B)/放弃(U)/退出(X)]<退出>:
输入体编辑选项
[压印(I)/分割实体(P)/抽壳(S)/清除(L)/检查(C)/放弃(U)/退出(X)]<退出>:
选择三维实体:

删除面或[放弃(U)/添加(A)/全部(ALL)]:
输入抽壳偏移距离0.2

## 五、剖切实体

剖切操作是使用平面剖切一组实体,剖切面可以是对象、Z轴、视图、XY/YZ/ZX平面或三点定义的面。对齐命令的调用方法有以下两种:

(1) 菜单:选择"修改"→"三维操作"
→"剖切"命令,如图7-4-13所示。

(2) 命令:slice。

命令行提示:

命令:_slice

选择对象:找到1个

指定切面上的第一个点,依照[对象(O)/Z轴(Z)/
视图(V)/XY平面(XY)/YZ平面(YZ)/ZX平面(ZX)/三点(3)]<三点>:Z

指定剖面上的点:

指定平面Z轴(法向)上的点:

在要保留的一侧指定点或[保留两侧(B)]:

图7-4-14所示为将圆锥剖切后只保留一侧实体的效果。

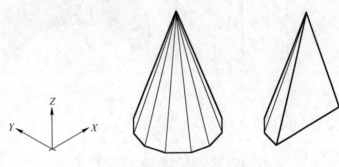

图7-4-13　"剖切"菜单

图7-4-14　"圆锥体"剖切

### 任务实施

根据平面图形尺寸,完成三维实体。创建图7-4-15所示的实体模型,再应用剖切命令完成剖切。

绘图步骤如下:

(1) 在东南轴测图,建立用户坐标系,如图7-4-15(c)所示。

(2) 按图7-4-15(a)所示尺寸绘制、建立面域,如图7-4-15(c)所示,轴线为图7-4-15(a)中的中心线。

(3) 通过旋转命令,然后消隐得到图7-4-15(b)所示图形。

(4) 使用剖切命令,然后选择视觉样式得到图7-4-15(d)所示图形。

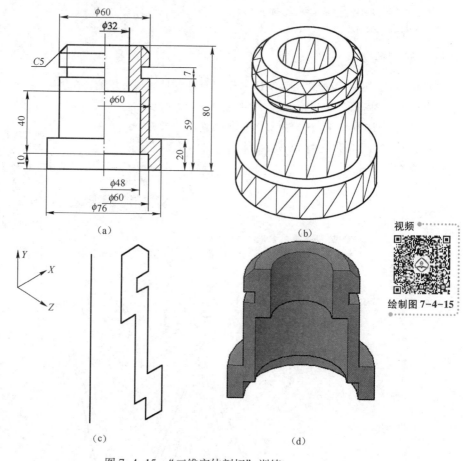

（a）

（b）

视频

绘制图 7-4-15

（c）

（d）

图 7-4-15 "三维实体剖切"训练

# 任务 5 三维实体渲染

任务引入

建好模型后，可以根据实际情况设置其材质、场景、环境光源等，然后对其进行渲染处理，已获得具有真实感和材质感的图像效果，如图 7-5-1 所示。

相关知识

选择"视图"菜单→"渲染"命令为对象应用视觉样式，如图 7-5-2（a）所示，或打开"渲染"工具栏的按钮实现，如图 7-5-2（b）所示。

图 7-5-1 渲染效果

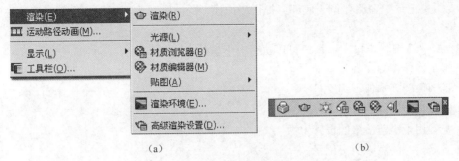

（a）　　　　　　　　　　　　　　　（b）

图 7-5-2　"渲染"级联菜单及工具栏

## 一、在渲染窗口中快速渲染对象

在 AutoCAD 2012 中，选择"视图"→"渲染"→"渲染"命令，或单击"渲染"工具栏的"渲染"按钮 ，可以在打开的渲染窗口中快速渲染当前视口中的图形，如图 7-5-3 所示。

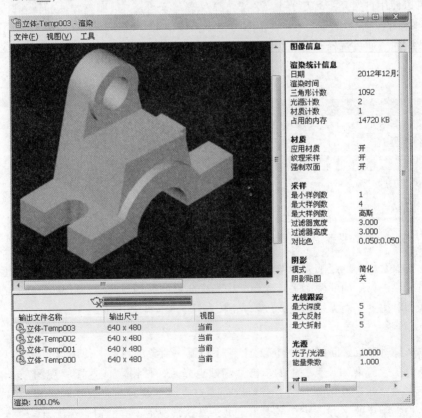

图 7-5-3　简单渲染图像

（1）"渲染"窗口分为以下三个窗格：

① "图像"窗格：显示渲染图像。

② "统计信息"窗格：位于右侧，显示用于渲染的当前设置。

③ "历史记录" 窗格：位于底部，提供当前模型的渲染图像的近期历史记录以及进度条以显示渲染进度。

（2）从"渲染"窗口中，用户可以执行以下操作：

① 将图像保存为文件。

② 将图像的副本保存为文件。

③ 监视当前渲染的进度。

④ 查看用于当前渲染的设置。

⑤ 追踪模型的渲染历史记录。

⑥ 清理、删除或清理并删除渲染历史记录中的图像。

⑦ 放大渲染图像的某个部分，平移图像，然后再将其缩小。

## 二、设置光源

在渲染过程中，光源的应用非常重要，它由强度和颜色两个因素决定。在 AutoCAD 2012 中，不仅可以使用自然光（环境光），平行光源及聚光等光源，以照亮物体的特殊区域。

选择"视图"→"渲染"→"光源"命令，或单击"渲染"工具栏中 ⚄ 按钮的下三角出现下拉子按钮。通过选择，可以创建和管理光源，如图 7-5-4 和图 7-5-5 所示。

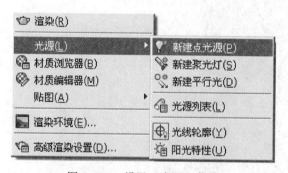

图 7-5-4　设置"光源"菜单

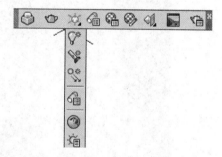

图 7-5-5　渲染工具栏"光源"按钮

当场景中没有用户创建的光源时，AutoCAD 将使用系统默认光源对场景进行着色或渲染。默认光源是来自视点后面的两个平行光源，模型中所有的面均被照亮，以使其可见。用户可以控制其亮度和对比度，而无须创建或放置光源。

1. 点光源

点光源从其所在位置向四周发射光线，它不以某一对象为目标。使用点光源可以达到基本的照明效果。在"渲染"工具栏中的单击"新建点光源"按钮💡或选择"视图"→"渲染"→"光源"→"新建点光源"命令，可以创建点光源，点光源可以手动设置为强度随距离线性衰减（根据距离的平方反比）或者不衰减。默认情况下，衰减设置为无。

2. 聚光灯

聚光灯（例如闪光灯、剧场中的跟踪聚光灯或前灯）分布投射一个聚焦光束，发射定向锥形光，可以控制光源的方向和圆锥体的尺寸。在"渲染"工具栏中的"光源"按钮下拉按钮中单击"新建聚光灯"按钮💡，或在菜单中选择"视图"→"渲染"→"光源"→

"新建聚光灯"命令，可以创建聚光灯。

3. 平行光

平行光仅向一个方向发射统一的平行光光线。可以在视口中的任意位置指定 FROM 点和 TO 点，以定义光线的方向。在"渲染"工具栏中的"光源"按钮下拉按钮中单击"新建平行光"按钮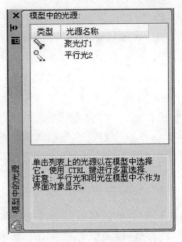，或在菜单中选择"视图"→"渲染"→"光源"→"新建平行光"命令，可以创建平行光。

4. 查看光源列表

在"渲染"工具栏中的"光源"按钮下拉按钮中单击"光源列表"按钮，或在菜单中选择"视图"→"渲染"→"光源"→"光源列表"命令，显示了当前模型中的光源，单击光源即可在模型中选中它，如图 7-5-6 所示。

图 7-5-6　"光源"窗口

## 三、使用材质

1. 设置渲染材质

将材质添加到图形中的对象上，可以展现对象的真实效果。使用贴图可以增加材质的复杂性和纹理的真实性。或在"渲染"工具栏中单击"材质浏览器"按钮和"材质编辑器"按钮，在菜单中选择"视图"→"渲染"→"材质浏览器"和"材质编辑器"命令，打开图 7-5-7 和图 7-5-8 所示编辑器和浏览器窗口，可以创建、浏览、管理材质。

图 7-5-7　"材质"窗口

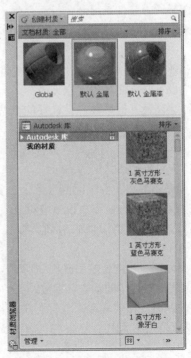

图 7-5-8　"材质浏览器"窗口

2. 将材质应用于对象和面

用户可以将材质应用到单个的面和对象，或将其附着到一个图层上的对象。要将材质应用到对象或面（曲面对象的三角形或四边形部分），操作方法有以下三种：

（1）可以直接选择对象，然后从"材质浏览器"窗口中选择材质，即可将材质样快速添加到图形中。

（2）在"材质浏览器"窗口中，用鼠标将材质样例直接拖动到对象上。

（3）在"材质浏览器"窗口中，选定材质样例并右击，从弹出的快捷菜单中选择"选择要应用到的对象"命令，并指定对象。

## 四、使用贴图

贴图是增加材质复杂性的一种方式，贴图使用多种级别的贴图设置和特性。附着带纹理的材质后，可以调整对象或面上纹理贴图的方向。材质被映射后，用户可以调整材质以适应对象的形状。将合适的材质贴图类型应用到对象，可以使之更加适合对象。

下面通过简单示范介绍贴图材质应用。

（1）在菜单中选择"视图"→"渲染"→"材质浏览器"和"材质编辑器"命令，打开"材质编辑器"选项板。

（2）在"外观"选项卡中单击"新建材质"按钮，打开下拉菜单。从中选择"创建常规材质"命令。

（3）在"名称"文本框中输入新材质名称为"塑料贴图材质"。

（4）展开"常规"选项组，在"图像"列表框中单击，会弹出"材质编辑器打开文件"对话框，选择所需文件来打开。

（5）系统弹出"纹理编辑器-Bump"选项板，从中设置相应的贴图参数，如图7-5-9所示。

（6）选中图7-5-10所示的"饰图凹凸"复选框，可以使用贴图通道，同样选择上一个纹理图，图中设置材质样式为"立方体"。

可以继续设置其他参数，设置好的该贴图材质出现在"材质浏览器"中，可以将该贴图材质赋予图形中的对象，并观察效果。

AutoCAD 2012 提供的贴图类型有以下四种，如图7-5-11所示，用户可以根据需要情况调整材质以适应对象的形状。

① 平面贴图：将图像映射到对象上，就像将其从幻灯片投影器投影到二维曲面上一样。图像不会失真，但是会被缩放以适应对象，该贴图常用于平面。

② 长方体贴图：将图像映射到类似长方体的实体上，该图像将在对象的每个面上重复使用。

③ 柱面贴图：将图像映射到圆柱形对象上；水平边将一起弯曲，但顶边和底边不会弯曲。图像的高度将沿圆柱体的轴进行缩放。

④ 球面贴图：在水平和垂直两个方向上同时使图像弯曲。纹理贴图的顶边在球体的"北极"压缩为一个点；同样，底边在"南极"压缩为一个点。

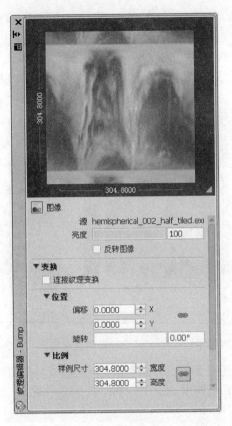

图 7-5-9　"纹理编辑器-Bump"窗口

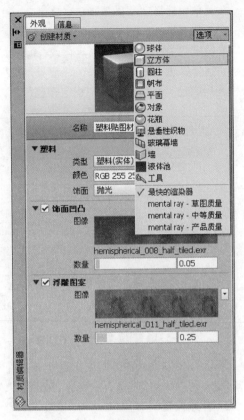

图 7-5-10　"创建材质"外观设置

图 7-5-11　"贴图"菜单

## 五、渲染对象

在 AutoCAD 2012 中，可以使用环境功能来设置雾化效果或背景图像。可以通过雾化效果（例如雾化和景深效果处理）或将位图图像添加为背景来增强渲染图像。

1. 雾化/深度设置效果

雾化和景深效果处理是非常相似的大气效果，可以使对象随着距相机距离的增大而淡入显示。雾化使用白色，而景深效果处理使用黑色。

在菜单中选择"视图"——→"渲染"——→"渲染环境"命令或单击"渲染工具栏"按钮
，打开图 7-5-12 所示对话框。利用该对话框可以进行雾化/深度设置。

要设定的关键参数包括：雾化或/深序效果处理的颜色、近距离和远距离以及近处雾化百分率和远处雾化百分率。如果在"渲染环境"对话框选择"颜色"选项，则打开图 7-5-13 所示"选择颜色"对话框，从中指定颜色。

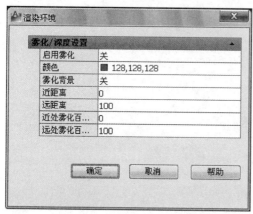

图 7-5-12 "渲染环境"对话框          图 7-5-13 "选择颜色"对话框

雾化/深度效果处理的密度由近处雾化百分率和远处雾化百分率来控制。这些设置的范围从 0.0001 到 100。值越高表示雾化/深度效果处理越不透明。

2. 背景设置

背景主要是显示在模型后面的背景幕。背景可以是单色、多色渐变色或位图图像。渲染静止图像时，或者渲染其中的视图不变化或相机不移动的动画时，使用背景效果最佳。设定以后，背景将与命名视图或相机相关联，并且与图形一起保存。

可以通过"视图管理器"设定背景。

（1）选择 View 命令，打开"视图管理器"对话框，如图 7-5-14 所示。

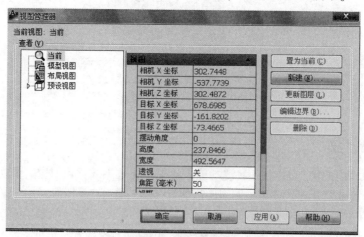

图 7-5-14 "视图管理器"对话框

（2）在"视图管理器"对话框单击"新建"按钮，打开图 7-5-15 所示对话框。在"视图名称"文本框输入新视图名，并根据需要设置下面选项。

（3）在"设置"选项组选中"将图层快照与视图一起保存"复选框，并指定其他选项。

（4）在"背景"选项组中选中"将阳光特性与视图一起保存"复选框，并从"背景"选项下拉列表框选择所需要的一种选项。完成后如图 7-5-16 所示，最后单击"应用"按钮，则完成背景设置，如图 7-5-17 所示。

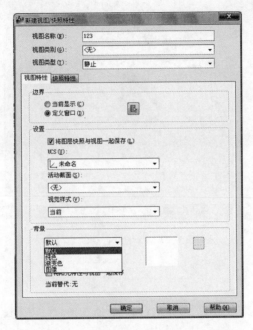

图 7-5-15　"新建视图/快照特性"对话框

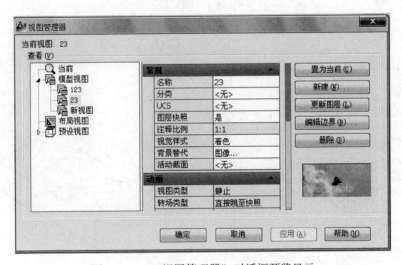

图 7-5-16　"视图管理器"对话框预览显示

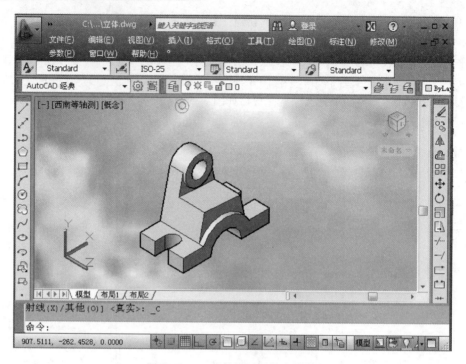

图 7-5-17　背景设置后渲染效果

✏️ **任务实施**

将图 7-4-5 完成的三维实体进行渲染，通过材质选择和贴图来设置背景。

# 项 目 训 练

1. 根据视图所示尺寸绘制图 7-6-1 和图 7-6-2 所示三维实体 1 和三维实体 2。

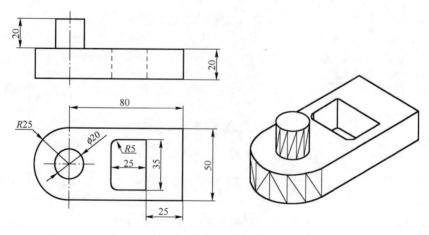

图 7-6-1　三维实体 1

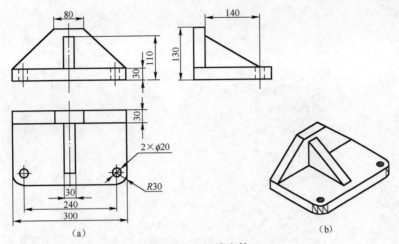

图 7-6-2　三维实体 2

2. 完成图 7-6-3 ～图 7-6-11 所示图形的三维实体造型。

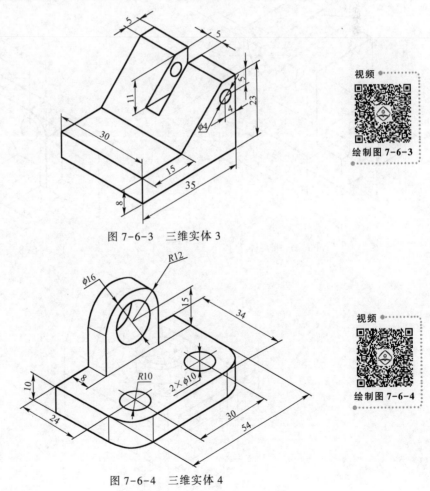

图 7-6-3　三维实体 3

视频 ●······

绘制图 7-6-3

图 7-6-4　三维实体 4

视频 ●······

绘制图 7-6-4

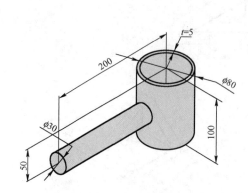

图 7-6-5　三维实体 5

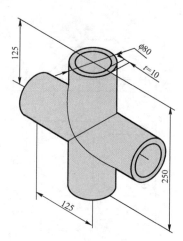

图 7-6-6　三维实体 6

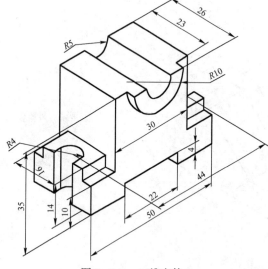

图 7-6-7　三维实体 7

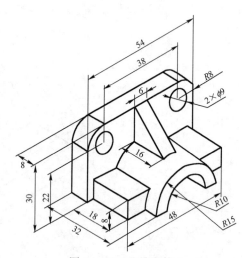

图 7-6-8　三维实体 8

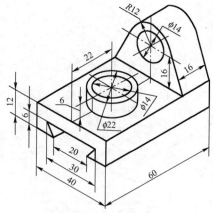

图 7-6-9　三维实体 9

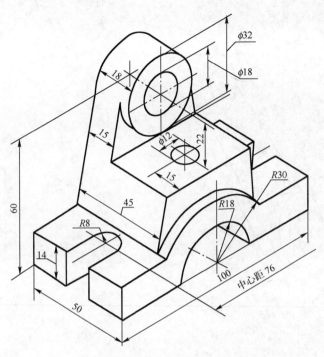

绘制图 7-6-10

图 7-6-10　三维实体 10

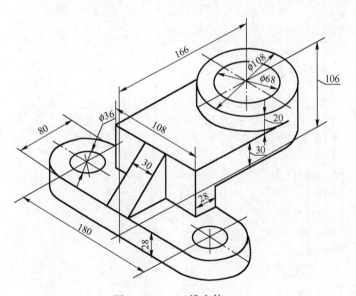

绘制图 7-6-11

图 7-6-11　三维实体 11

3. 完成图 7-6-12 所示连杆。

4. 完成图 7-6-13 所示心轴。

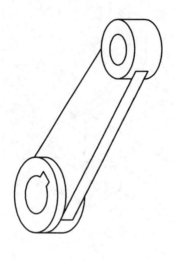

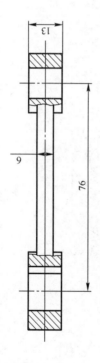

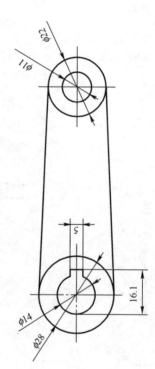

图7-6-12　连杆

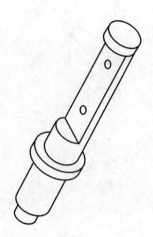

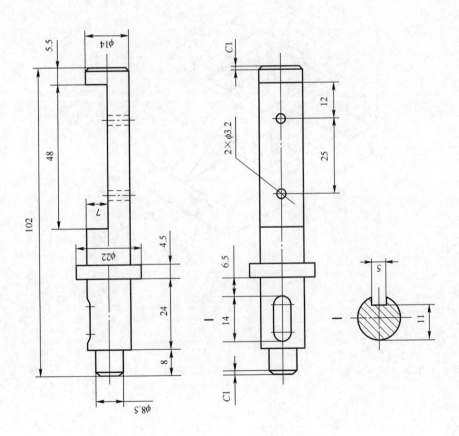

心轴1:1

图7-6-13  心轴

5. 完成图 7-6-14 所示导块。

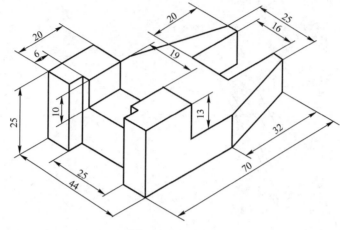

图 7-6-14　导块

6. 完成图 7-6-15 所示支承块。

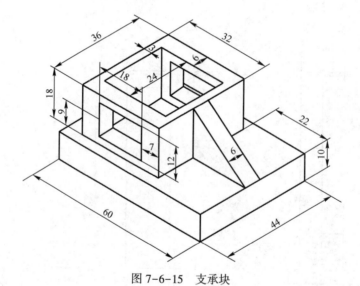

图 7-6-15　支承块

7. 完成图 7-6-16 所示底座。

8. 完成图 7-6-17 所示轴承座。

9. 完成图 7-6-18 所示支座。

10. 完成图 7-6-19 所示轴瓦座。

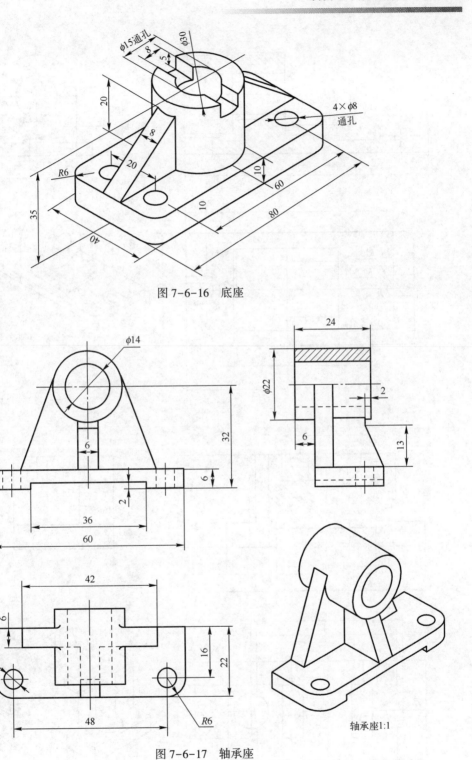

图 7-6-16　底座

图 7-6-17　轴承座

轴承座1:1

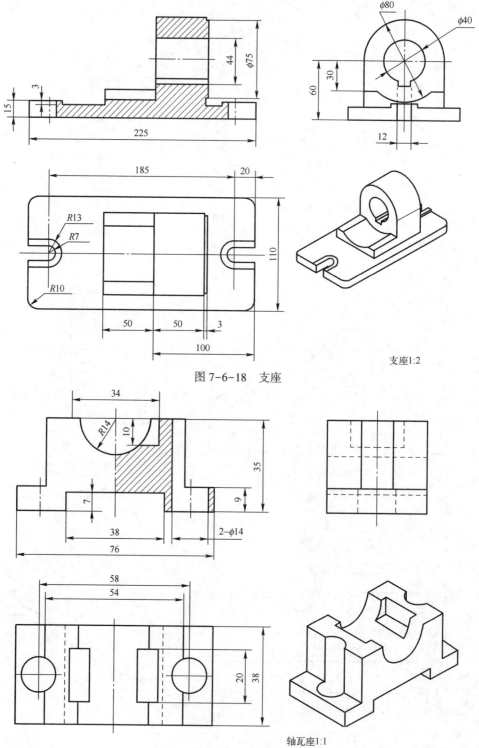

图 7-6-18　支座

支座1:2

图 7-6-19　轴瓦座

轴瓦座1:1

# 项目八  图形文件的传输

AutoCAD 2012 提供了图形输入与输出接口。用户不仅可以将其他应用程序中处理好的数据输入 AutoCAD，以显示图形，还可以将绘制好的图形，选择多种方法输出。可以将图形打印在图纸上，也可以创建成文件供其他应用程序使用。

此外，AutoCAD 2012 强化了 Internet 功能，使其与因特网相关的操作更加方便、高效，还可以创建 Web 格式的文件（DWF），以及发布 AutoCAD 图形文件到 Web 页。

 学习目标

◇ 学会导入导出图形。
◇ 学会使用页面设置管理器，在模型空间打印设置。
◇ 能够使用 AutoCAD 打印出图。

## 任务 1  图形的输入与输出

**任务引入**

除了可以打开和保存 DWG 格式的图形文件外，还可以导入和导出其他格式的图形。

**相关知识**

### 一、导入图形

（1）导入图形的步骤如下：在 AutoCAD 2012 中选择"插入"—→"Windows 图元文件"命令，如图 8-1-1 所示。其中文件类型有 3D Studio、ACIS 等文件格式。

在弹出的"输入 WMF"对话框中，选择文件然后单击"打开"按钮，如图 8-1-2 所示。则命令提示：

命令：_wmfin
单位：无单位  转换：   1.0000
指定插入点或[基点(B)/比例(S)/X/Y/Z/旋转(R)/预览比例(PS)/PX/PY/PZ/预览旋转(PR)]：
输入 X 比例因子,指定对角点,或[角点(C)/XYZ]<1>：
输入 Y 比例因子或<使用 X 比例因子>：
指定旋转角度<0>：
根据需要执行后得到 AutoCAD 图形文件。

（2）将 Word 文档插入 AutoCAD 中的操作步骤如下：

① 打开 Word 文档，选中要插入的文档内容。在单击标准工具栏上的"复制"命令。

图 8-1-1　选择"插入"——"Windows 图元文件"命令

图 8-1-2　"输入 WMF"对话框

② 退出 Word，进入 AutoCAD。

③ 选择"编辑"——"选择性粘贴"命令。

## 二、输出图形

**1. 将 AutoCAD 图形调入 Word 文档**

将可以将图形插入 Word 文档中，操作方法如下：

（1）打开 AutoCAD 图形文件，如图 8-1-3 所示。

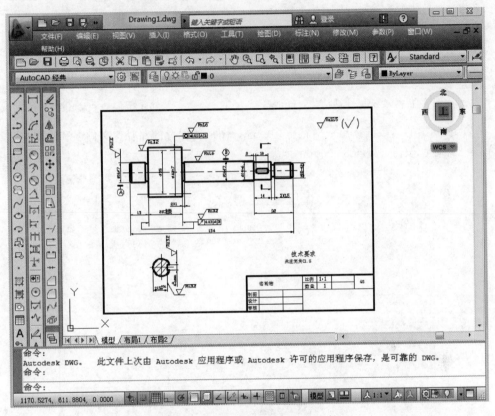

图 8-1-3　打开 AutoCAD 图形文件

（2）单击标准工具条上"复制"命令（注意：修改工具条上的复制命令此处不适用）。

（3）选中要插入的图形，按【Enter】键。将图形插入到 Word 文档时，AutoCAD 的屏幕背景应为白色。更换背景色的方法在项目一中已经介绍过，此处不再重复。

（4）退出 AutoCAD，打开 Word 文档。

（5）把光标放到图形将要插入的位置，然后选择"编辑" —→ "选择性粘贴"命令，弹出图 8-1-4 所示对话框。

（6）在三个选项中任选一项后，单击"确定"按钮。AutoCAD 里的图形显现在文档中。

**2. 将 AutoCAD 图形以图片格式输出**

步骤如下：

（1）打开 AutoCAD 图形文件，如图 8-1-5 所示。

（2）选择要输出的图形，选择"文件" —→ "输出"命令。

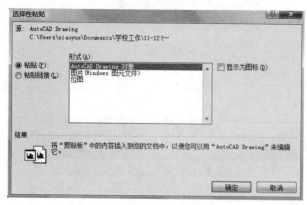

图 8-1-4 "选择性粘贴"对话框

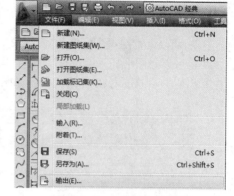

图 8-1-5 "输出"子菜单

（3）在弹出的"数据输出"对话框中，选择图形要保存的路径、文件名和输出格式，然后单击"保存"按钮，如图 8-1-6 所示。

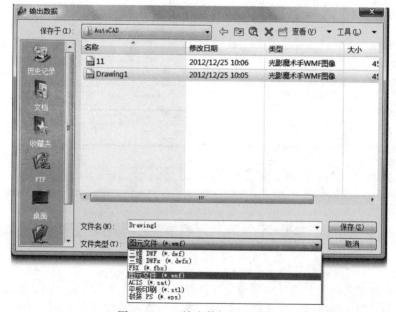

图 8-1-6 "输出数据"对话框

（4）此时以图片格式保存，如图 8-1-7 所示。

## 三、打印图形

创建完图形之后，通常要打印到图纸上，也可以生成一份电子图纸，以便从互联网上进行访问。根据不同的需要，可以打印一个或多个视口，或设置选项以决定打印的内容和图像在图纸上布置。

1. 打印设置

在 AutoCAD 中，可以使用"打印-模型"对话框进行打印设置。其命令的调用有以下三种方法：

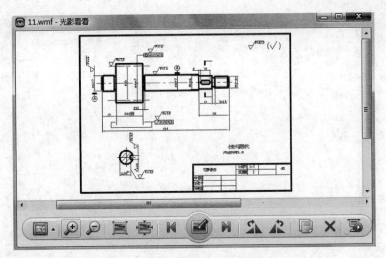

图 8-1-7 "wmf 格式"图片显示

（1）菜单：选择"文件"——"打印"命令。

（2）单击"标准"工具栏中的"🖶"按钮。

（3）命令：Print。

也可以选择"文件"——"页面设置管理器"命令，打开图 8-1-8 所示对话框，再单击"修改"按钮，打开图 8-1-9 所示"页面设置-模型"对话框。其中各选项的主要功能如下：

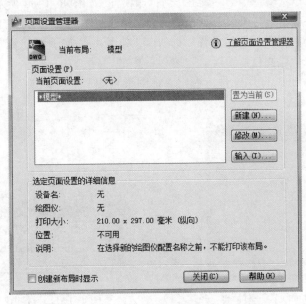

图 8-1-8 "页面设置管理器"对话框

（1）"页面设置"选项组。在"名称"下拉列表框中可以选择打印设置，并能够随时保存、命名以及恢复"打印"和"页面设置"对话框中所有的设置；单击"添加"按钮，打开

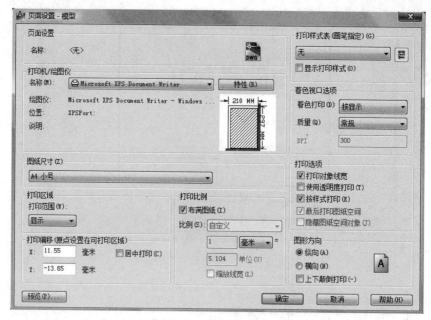

图 8-1-9 "页面设置-模型"对话框

"新建页面设置"对话框，可以从中添加新的页面设置，如图 8-1-10 所示。

（2）"打印机/绘图仪"选项组。在该选项组中的"名称"下拉列表框中列出了当前已配置的打印设备，可以从中选择某一设备作为打印设备，如图 8-1-11 所示。一旦确定了打印设备，AutoCAD 就会显示出与该设备有关的信息。单击"特性"按钮，打开"绘图仪配置编辑器"对话框，选择"设备和文档设置"选项卡，如图 8-1-12 所示，浏览和修改当前打印设备的配置和属性。在"绘图仪器编辑器"对话框中的"端口"选项卡中选中"打印到文件"复选框，可将图形输出到打印文件，否则，将图形输出到打印机或绘图仪，如图 8-1-13 所示。

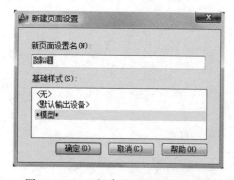

图 8-1-10 "新建页面设置"对话框

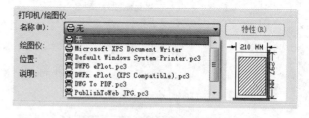

图 8-1-11 打印设备选择

（3）"图纸尺寸"选项组：指定图纸尺寸及纸张单位。

（4）"打印份数"选项组：指定打印纸张的数量。

（5）"打印区域"选项组：确定要打印图形的哪一部分。

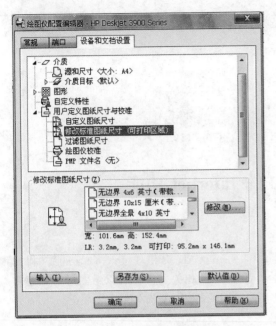

图 8-1-12　"绘图仪配置编辑器"对话框
"设备和文档设置"选项卡

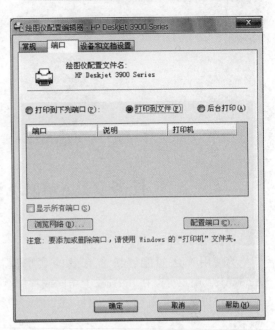

图 8-1-13　"绘图仪配置编辑器"对话框
"端口"选项卡

（6）"打印偏移"选项组：在 $X$ 和 $Y$ 文本中输入偏移量，以指定相对于可打印区域左下角的偏移。若选中"居中打印"复选框，则可以自动计算输入的偏移值以便居中打印。

（7）"打印比例"选项组：在下拉列表框中选择标准缩放比例，或者输入自定义值。

2. 打印预览及打印

在打印输出图形之前，可以预览输出结果，检查设置是否正确，例如图形是否都在有效输出区域内等，其命令的调用有以下三种方法：

（1）菜单：选择"文件"→"打印预览"命令，如图 8-1-14 所示。

（2）单击"标准"工具栏中的"打印预览"按钮 。

（3）命令：preview。

执行后 AutoCAD 将按照当前的页面设置、绘图设备设置及绘图样式表等在屏幕上绘制最终要输出的图纸。在预览窗口中，光标变成了带有加号或减号的放大镜状，向上拖动光标可以放大图像，向下拖动光标可以缩小图像。要结束全部预览操作，可直接按【Esc】键。

经过打印预览，确认打印设备设置正确后，单击"打印"对话框中的"确定"按钮，AutoCAD 即可输出图形。

| | |
|---|---|
| 页面设置管理器(G)... | |
| 绘图仪管理器(M)... | |
| 打印样式管理器(Y)... | |
| 打印预览(V) | |
| 打印(P)... | Ctrl+P |
| 发布(H)... | |
| 查看打印和发布详细信息(B)... | |

图 8-1-14　"打印预览"菜单

任务实施

（1）将项目七中所完成的零件图以图片格式输出，并插入 Word 文档，并保存。

（2）打开"页面设置管理器"进行打印设置，打印机或扫描仪进行打印设置、预览和打印输出。

视频

任务实施 1

视频

任务实施 2

# 任务 2　AutoCAD 的 Internet 功能

## 任务引入

为使用户之间能够快速有效的共享设计信息，AutoCAD 提供了 Internet 功能。利用 AutoCAD，用户可以在 Internet 上访问或存储 AutoCAD 图形及相关文件；可以给图形对象建立链接；可以创建 Web 格式的文件（DWF），以便用户预览、打印 DWF 文件。

## 相关知识

### 一、以电子格式输出图形

AutoCAD 提供了以电子格式输出图形文件的方法，即 ePlot 格式。它是一种安全的、适合在 Internet 上发布的文件格式，它将图形以 Web 格式保存（即 DWF 格式）。如果用户通过网址 www.autodesk.com/whip 下载并安装了 Autodesk 提供的 WHIP！4.0 插件，就可以通过浏览器打开、浏览、打印 DWF 文件。此外，DWF 格式支持实时显示缩放、实时显示移动，同时还支持对图层、命名视图、嵌套超链接等方面的控制。

### 二、利用向导创建网页

AutoCAD 提供了"网上传递""网上发布"功能。利用此向导，可以方便、迅速的创建格式化 Web 页，该Web 页包含 AutoCAD 图形的 DWF、PNG 或 JPG 图像。一旦创建了 Wed 页，就可以将其发布到 Internet。

### 三、电子传递文件

图 8-2-1 所示为"文件"菜单下的"电子传递"命令。

在 AutoCAD 中，通过"电子传递"功能，打开图 8-2-2 所示对话框，可以为 AutoCAD 图形及相关文件、外部参照传递集压缩（即打包），如图 8-2-3 所示，以便在 Internet 上传递。

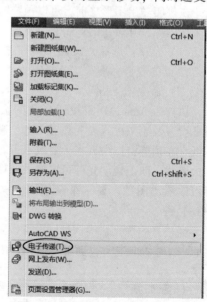

图 8-2-1　选择"电子传递"命令

图 8-2-2 "创建传递"对话框

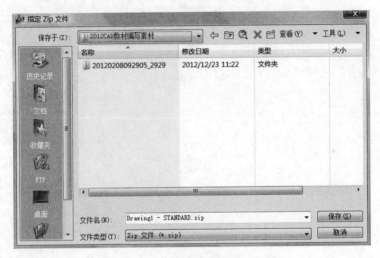

图 8-2-3 "指定 Zip 文件"对话框

**任务实施**

（1）利用 AutoCAD 提供了网上发布向导，创建 Web 页。

（2）利用"电子传递"功能，将完成的图形上传至 Internet。

任务实施 1

任务实施 2

# 项 目 训 练

1. 在 AutoCAD 的绘图窗口中插入自己的照片。
2. 将 AutoCAD 图形按图片格式输出，并插入到 Word 文档。
3. 建立名为"我的打印样式"的新打印样表，自己确定新样式。
4. 用打印机绘图仪打印训练中完成的图形。

视频 项目训练 1　　视频 项目训练 2　　视频 项目训练 3　　视频 项目训练 4

# 参 考 文 献

[1] 国家技能鉴定专家委员会 . 计算机辅助设计（AutoCAD 平台）AutoCAD 试题汇编[M]. 北京：科学出版社，2008.

[2] 钟日铭 . AutoCAD 2012 中文版入门进阶精通[M]. 北京：机械工业出版社，2012.

[3] 瞿芳 . AutoCAD 2010 机械应用教程[M]. 北京：北京交通大学出版社，2010.

[4] 李刚俊 . AutoCAD 2009 基础教程[M]. 北京：电子工业出版社，2012.

[5] 陈雪 . 计算机辅助绘图 AutoCAD 实例教程[M]. 北京：北京理工大学出版社，2009.

[6] 王灵珠 . AutoCAD 2008 机械绘图实用教程[M]. 北京：机械工业出版社，2009.

[7] 薛焱 . 中文版 AutoCAD 2008 基础教程[M]. 北京：清华大学出版社，2007.

[8] 江道银 . 中文版 AutoCAD 2009 实用教程[M]. 北京：化学工业出版社，2010.